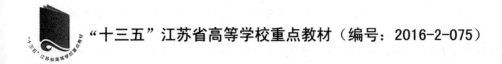

"十三五" 江苏省高等学校重点教材（编号：2016-2-075）

高等职业院校教学改革创新教材·信息安全与管理系列

服务器安全配置与管理
（Windows Server 2012）

陈 永 米 洪 主 编

黄 伟 朱宝华 张 军 副主编

U0197903

电子工业出版社

Publishing House of Electronics Industry

北京·BEIJING

内 容 简 介

本书是"十三五"江苏省高等学校重点教材（编号：2016-2-075）。全书以Windows Server 2012操作系统为实例，全面翔实地讲述Windows Server服务器操作系统的系统管理、网络安全管理和数据安全管理操作技能等知识，主要内容包括Windows Server 2012服务器操作系统的安装配置、本地用户与组账户的管理、NTFS文件系统管理、系统磁盘的维护和管理、系统防火墙配置、证书服务配置与管理、VPN配置与管理、域控制器的使用、AD RMS企业文化版权配置与管理、安全审核、组策略及本地安全组策略、软件限制策略等配置与使用、分布式文件系统配置与管理等。

本书适合作为高等职业院校计算机网络技术、信息安全与管理、计算机应用技术等专业操作系统、服务器管理等课程的教材，也可作为从事计算机系统管理、网络管理与维护等系统工程技术人员的参考用书。

图书在版编目（CIP）数据

服务器安全配置与管理：Windows Server 2012 / 陈永，米洪主编. —北京：电子工业出版社，2018.1
ISBN 978-7-121-32899-2

Ⅰ. ①服… Ⅱ. ①陈… ②米… Ⅲ. ①Windows操作系统－网络服务器－高等学校－教材 Ⅳ. ①TP316.86

中国版本图书馆CIP数据核字（2017）第258246号

策划编辑：程超群
责任编辑：裴 杰
印　　刷：山东华立印务有限公司
装　　订：山东华立印务有限公司
出版发行：电子工业出版社
　　　　　北京市海淀区万寿路 173 信箱　邮编 100036
开　　本：787×1 092　1/16　印张：14　字数：358.4 千字
版　　次：2018 年 1 月第 1 版
印　　次：2021 年 5 月第 6 次印刷
定　　价：38.00 元

凡所购买电子工业出版社图书有缺损问题，请向购买书店调换。若书店售缺，请与本社发行部联系，联系及邮购电话：（010）88254888，88258888。

质量投诉请发邮件至 zlts@phei.com.cn，盗版侵权举报请发邮件至 dbqq@phei.com.cn。

本书咨询联系方式：（010）88254577，ccq@phei.com.cn。

PREFACE 前言

目前，企业级服务器操作系统主要分为 UNIX、Windows Server 和 Linux 三类。UNIX 操作系统多用于大中型计算机的大数据计算领域，其应用范围、专业性要求较高。Linux 服务器操作系统以开源为背景，近些年来发展如火如荼，特别是以此内核开发的操作系统发展迅猛（如移动终端设备），但相对于 UNIX 和 Windows Server 操作系统而言，其稳定性和可靠性有待提高。因此，编者选择性能较优、较稳定的 Windows Server 2012 服务器操作系统对企业计算机信息应用环境的系统维护、管理进行介绍。Windows Server 2012 操作系统是 Microsoft 公司继 Windows Server 2008 之后推出的服务器操作系统，在硬件支持、服务器部署、Web 应用和网络安全等方面都提供了强大的功能。

本书以 Windows Server 2012 操作系统为实例，全面翔实地讲述 Windows Server 服务器操作系统的系统管理、网络安全管理和数据安全管理操作技能等知识，主要内容包括 Windows Server 2012 服务器操作系统的安装配置、本地用户与组账户的管理、NTFS 文件系统管理、系统磁盘的维护和管理、系统防火墙配置、证书服务配置与管理、VPN 配置与管理、域控制器的使用、AD RMS 企业文化版权配置与管理、安全审核、组策略及本地安全组策略、软件限制策略等配置与使用、分布式文件系统配置与管理等。

本书系"十三五"江苏省高等学校重点教材（编号：2016-2-075），与南京米好信安科技有限公司、江苏天创科技有限公司、南京普亚信息科技有限公司、杭州迪普科技股份有限公司等企业开展了深度合作，通过对企业系统管理与维护项目操作内容的组织与梳理，基于"实际任务导向型课程模式"进行构建，并融合了 2015 年和 2016 年全国高职院校技能大赛高职组"信息安全管理与评估"赛项实践操作内容。本书具有较强的实用性和可操作性，语言精练，通俗易懂，操作步骤描述详尽，配有大量操作图例，从工程实践与系统管理的角度深入讲解了 Windows Server 2012 操作系统相关技术的应用，可作为高等职业院校计算机网络技术、信息安全与管理、计算机应用技术等专业操作系统、服务器管理等课程的教材，也可作为从事计算机系统管理、网络管理与维护等系统工程技术人员的参考用书。

本书的突出特点是知识技能的项目化以及系统管理任务的完整与细化，遵循系统维护的系统性与连贯性原则，对内容体系结构进行了适当调整与重构，以适应教学课程安排。本书的编写着重实际工作岗位中系统维护能力的培养，完全从读者使用和学习的角度，以项目案例及其任务实现为驱动，凭借翔实的操作步骤和准确的说明，帮助读者迅速掌握 Windows

Server 2012，并且充分考虑学习者操作时可能发生的问题，提供了一些解决方案，突出技能实训。与传统相关教材相比，本书的知识结构与部署有了较大改变。

全书总体内容分为三部分（共 10 个项目），具体内容介绍如下。

第一部分（项目 1～项目 3），主要为 Windows Server 2012 操作系统的系统管理技能，详细介绍 Windows Server 2012 系统的全新安装与基本管理，包括系统的本地用户与组账户的管理、NTFS 文件系统管理以及系统磁盘的维护和管理。通过对这部分知识的学习和技能实训，使读者能够较快地掌握 Windows Server 2012 系统的基本应用和管理。

第二部分（项目 4～项目 6），主要为 Windows Server 2012 操作系统"网络安全管理"应用技术，详细介绍 Windows Server 2012 系统所提供的防火墙功能、证书服务功能和 VPN 功能。通过对这部分内容的学习，读者可以掌握 Windows Server 2012 系统环境下所支持的常见的重要网络安全服务功能的实现和管理。

第三部分（项目 7～项目 10），主要为 Windows Server 2012 操作系统"数据安全管理"应用技术，通过大量操作实例，介绍实现系统安全管理的技术（包括域控制器的使用、AD RMS 企业文化版权管理、安全审核、组策略及本地安全组策略、软件限制策略、分布式文件系统等）。通过对这部分知识的学习，可以使读者在增加 Windows Server 2012 实践性经验知识的同时，掌握高级系统管理技能。

本书编者包括江苏海事职业技术学院陈永、张军、樊霆，南京交通职业技术学院米洪，南京信息职业技术学院史律，江苏商贸职业学院朱宝华，江苏建筑职业技术学院董爱民，江苏经贸职业技术学院裴勇，南通职业大学黄伟、黄国平，沙洲职业工学院董袁泉，江苏财经职业技术学院涂刚，全书由上述老师共同编写并完成全书项目实践操作验证工作。全书由陈永和米洪担任主编并完成统稿，黄伟、朱宝华、张军担任副主编。南京米好信安科技有限公司尹愿钧、南京普亚信息科技公司李勇等企业工程师对本书所有实践项目给予了实际工作案例支持和编写。编者对以上院校、企业和参编人员的支持表示衷心的感谢！同时，在本书的编写过程中，编者参阅了国内外同行编写的相关著作和文献，谨向各位作者致以深深的谢意！

本书通过二维码引入了 27 个典型操作的微课视频，建议在 Wi-Fi 环境下扫码观看。另外，本书还配有电子课件、课程标准、教案等资源，可登录华信教育资源网（www.hxedu.com.cn）免费获取。

由于编者水平有限，书中难免存在错误与疏漏之处，恳请广大读者批评指正。编者联系方式：cn666@139.com。

编　者

CONTENTS 目录

Windows Server 2012 系统认知

【知识目标】

- 识记：Windows Server 2012 版本的分类、处理器功能、虚拟化的扩展、虚拟桌面的架构、自动化的实现、Windows Server 2012 的特点及其安装与配置。
- 领会：云操作系统的概念、System Center 2012 SP1、Live Migration 功能、IIS 服务器、数据中心和云计算的概念。

【技能目标】

- 学会 Windows Server 2012 的安装操作。
- 学会对 Windows Server 2012 进行简单配置操作。

【工作岗位】

- 系统架构师、系统管理员、网络工程师等。

【教学重点】

- Windows Server 2012 操作系统特性。
- Windows Server 2012 安装与配置。

【教学难点】

- 理解 Windows Server 2012 操作系统特性。

【教学资源】

- 教学课件。
- 授课教案。

自 Microsoft 公司于 2012 年推出 Windows Server 2012 以来，备受企业 CTO 的关注，某高新技术公司 JDY，由于企业业务的发展，其服务器无论是在数量还是技术方面，单纯的手动化已经很难满足需求，因此需要实现自动化管理，从而保证业务的高效、持续运行。此外，其在其他方面，如存储、安全等方面也有较高的需求。该公司 CIO 需要部署能够满足企业需求、简化 IT 管理，并最终为企业创造更多价值的操作系统。

企业工程师——郑工程师结合 JDY 公司的需求和自身的知识背景，基于对 Windows Server 的了解，为公司 CTO 推荐了 Windows Server 2012 系统，并获得了公司 CTO 的认可。最终公司决定在公司业务管理中全面推行 Windows Server 2012 系统。

JDY 公司决定近期在公司业务管理中全面采用 Windows Server 2012 系统，要求郑工程师尽快完成系统的更新升级，为了保证项目任务及时完成，以及在公司内部推行使用，郑工程师制订了如下员工培训计划。

（1）熟悉 Windows Server 2012 系统特性。

（2）完成 Windows Server 2012 服务器安装。

任务 1.1　Windows Server 2012 系统特性探讨

1．任务描述

Windows Server 2012 是 Microsoft 公司的一个服务器系统，采用了 Metro 界面，可以提供具有高度经济实惠与高度虚拟化的环境。本任务将对 Windows Server 2012 系统特性进行了探讨，以对 Windows Server 2012 系统建立感性认识。

2．任务目标

（1）了解 Windows Server 2012 的系统基本概念。

（2）熟悉 Windows Server 2012 的版本、授权、虚拟化功能的实现、代码的移植、虚拟桌面的架构、BYOD 的功能等。

3．任务实施

Microsoft 公司在 2012 年 9 月 4 日发布了服务器操作系统 Windows Server 2012。Microsoft 公司每次服务器系统升级对于合作伙伴来说都意义重大。

Microsoft 公司对未来计算的构想和愿景——自然用户界面（NUI）实现虚拟与现实世界的融合，挖掘云计算与大数据结合的巨大潜力。如今，人们已经在日常生活中体验到了以云和大数据为驱动的技术，这些看似无形的技术正潜移默化地改变着人们生活和工作的方式。

Windows Server 2012 是在 Windows 8 基础上研发出来的服务器版系统，同样引入了别具特色的 Windows 8 界面，增强了存储、网络、虚拟化、云等技术的易用性，让管理员更容易地控制服务器。下面将详细介绍 Windows Server 2012 的新特性。

1）云操作系统的基石

Nadella 在 2012 年 9 月 4 日的发布会上说："Windows Server 2012 开启了云操作系统的时代。"其把 Windows Server 2012 描述为云操作系统的"基石"，而其中 Windows Azure 和 System Center 2012 SP1 是该"基石"中主要的两个部件。微软的远景是为私有云合作伙伴搭建云，以及在公有云上进行管理和应用开发提供一个稳定的平台。图 1-1 所示为云计算结构图。

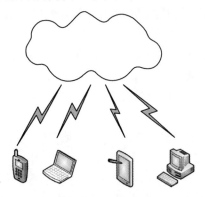

图 1-1　云计算结构图

2）System Center 2012 SP1

微软打造的这个云操作系统，很多主打功能需要涉及两到三个单独产品中的技术。System Center 2012 SP1 加强了诸多云操作系统的功能，可分为七大管理模块，包括 App Controller SP1、Configuration Manager SP1、Data Protection Manager（DPM）、Operations Manager、Orchestrator、Service Manager、Virtual Machine Manager（VMM）等。为了用来管理虚拟机器的 VMM 模块，它新增了网络虚拟化功能，可以在 System Center 管理接口上自动配置虚拟机器的网络设定。App Controller SP1 可以自动配置企业内的混合云环境。在管理接口上可以自动复制公有云或私有云上的虚拟机器映像档，减少 IT 人员手动调度的时间。Configuration Manager SP1 模块也可以管控不同行动装置，新版支持 Windows 8 操作系统，IT 人员可以自动侦测行动装置的操作系统以及内存空间等。DPM 支持集中和远程管理多个 DPM 服务器，支持多个 DPM 服务器共享一个 SQL Server 实例（作为 DPMDB），为工作组或不受信任的域中的计算机执行基于证书的身份验证。Operations Manager 引入了一个新的 Web 控制台，所有 Operations Manager 视图都会呈现于 Web 控制台中，作为网络和应用监控功能的一部分，Operations Manager 2012 包括了完整的仪表盘视图，即将多个面板上的信息合并到单一视图中。在 Operations Manager 2012 里，用户可以添加新的仪表盘视图到工作区中，在 Operations Manager 2012 中，基于 UNIX 和 Linux 的计算机更易于使用发现向导，用户可以使用 Windows PowerShell 来管理装有 UNIX 或 Linux 系统的计算机，依然支持高可用性。

3）版本的精简

Windows Server 2012 的版本比 Windows Server 2008 好很多。微软将 Windows Server 2012 简化到了四个版本：数据中心版、标准版、Essentials 版和基础版。这就是说，Windows Server 2012 没有企业版、高性能计算版和网页服务器版。从一般目的的授权角度来说，其实它只有两个版本：标准版和数据中心版。这两个版本性能的区别在于，标准版仅支持两个虚拟机，而数据中心版支持无限多个虚拟机。Essentials 功能受限，仅能供最多 25 个用户使用，而基础版预先安装，功能受限，仅能供最多 15 个用户使用。值得注意的是，用户仍然可以通过 HPC Pack 2012 服务包让服务器实现高性能计算。

微软不会基于 Windows Server 2012 核心代码再打造一个中小企业版，也不会再发布其他任何升级的 SBS 版本。事实上，微软已经宣布 SBS 和 Windows Home Server 这两个特定服务器系统产品，将会是微软发布的最后两个特定服务器系统产品。微软做出这个决定是基于越来越多的中小企业顾客趋向于使用云计算解决方案来部署邮件、备份和其他服务。微软推荐那些需要自有服务器的中小型顾客使用 Windows Server 2012 标准版。

4）Windows Server 2012 基于处理器进行授权

多核处理器和多处理器服务器的普及使服务器操作系统的授权变得更复杂。微软对标准版和数据中心版采用了按处理器授权加收费的模式。Windows Server 2012 的服务器授权基于处理器的数量，一个授权可以使用两个处理器。这个收费模式和微软 SQL 依据处理器核数量收费的模式不同。

Windows Server 2012 的定价分为三个等级。数据中心版两个处理器的授权价为 4809 美元，标准版为 882 美元（以上价格皆不包含 CAL 费用）。必要版单处理器授权价为 425 美元，最多可供 25 个用户使用。基本版则是预装方付费，包含在硬件成本中，价格并未公布于众。分析师 Michael Cherry 在他的报告 "Windows Server 2012 授权策略" 里总结道，总体来说，对那些需要一般化虚拟功能的企业来说，Windows Server 2012 的授权费用会稍微便宜一些。

对于那些希望在一个服务器上运行多于两个虚拟机的客户来说，可以采用叠加授权的方式。购买多个标准版授权，然后在一个服务器上使用这多个授权，获得自己需要的多个虚拟机，比购买一个数据中心版授权要合算得多。

5）虚拟化扩展能力

微软 Windows Server 2012 大部分的扩展功能实际上是和虚拟化相关的。

在 Windows Server 2012 发布的时候，微软服务器和开发工具事业部副总裁 Bill Laing 说，Windows Server 2012 可以将 SQL 数据库总量的百分之九十虚拟化。他给出了 Windows Server 2012 的最新统计数字：每个集群可以虚拟化多达 8000 个虚拟机，Laing 宣称这是 "业界最强"。Windows Server 和云计算部门的技术经理 Jeff Woolsey 说，Windows Server 2012 单个服务器能支持多达 320 个逻辑处理器、4TB 内存，每个虚拟盘分配空间可达 64TB。

6）Live Migration 功能

Live Migration 功能并不是 2012 版本独有的，但微软花费了很多精力打造的 Windows Server 2012 的 Hyper-v Live Migration 功能允许在子网间移动 IP。对比之下，Live Migration 之前仅允许在单个服务器里运行，Windows Server 2012 中该功能可以在分布各个地点的节点间运行。微软宣称使用 Windows Server 2012 自带的 NIC 组队和 Server Message block 3.0 功能就可以同时运行 120 个 Live Migration。而 Windows Server 2012 的 Live Migration 不侵占资源的能力，使得在不影响服务器运行的情况下升级和弥补漏洞成为可能。

7）IIS 8.0

虽然网页服务器版不再发布，但支持 Windows Server 2012 操作系统网页服务的 IIS 功能得到了加强。IIS 8.0 对云端支持多承租的优化，例如，可以在网络上扩展服务器数量的能力、为了隔离而提供的"停用 CPU"功能。IIS 8.0 还加强了 SSL 的安全方面的管理。

8）.NET Framework 4.5 和代码移植

.NET 框架也可以在 Windows Server 2012 中一显身手。.NET Framework 4.5 支持 ASP.NET 4.5、HTML5、Web API Websocket，并加强了对异步计算的支持。

微软同时也强调了代码从 Windows Server 2012 到 Azure 的可移植性。微软服务器和开发工具事业部副总裁 Scott Guthrie 在发布会上说，使用 Azure 可以将数据公布给多个用户。代码移植性契合了微软云操作系统的主题：微软正在提供一个包含公有云、私有云和混合云环境的平台，并且该平台能够按需扩展资源。

9）BYOD 模式

BYOD（Bring Your Own Device）现象在不同规模的企业中蔓延，而 Windows Server 2012 也支持 BYOD。支持 BYOD 的关键技术是 Windows Server 2012 和 Azure 里的活动目录。该概念在于通过活动目录，启动任何设备来满足用户的生产力、安全和管理。Windows Server 2012 的 DirectAccess 技术允许通过网络来读取全局设备。使用微软的 Synamic Access Control 技术可以控制读取设备的特定内容，该技术可以分类数据，并规定读取数据的权限。

10）虚拟桌面基础架构 VDI

Windows Server 2012 支持虚拟桌面基础架构（VDI）。微软管理和安全部门副总裁 Brad Anderson 宣称原本非常复杂的 VDI 现在仅通过十三次点击即可完成。要使用该功能需要 System Center Configuration Manager 的支持。

11）对自动化的支持

Windows Server 2012 最受关注的功能就是支持自动化。微软为 Windows PowerShell 添加了 2400 多个命令，以及 Windows PowerShell GUI 和 Windows PowerShell Web Access 功能。向外扩展文件服务器功能允许客户按需自动添加节点（如在节点出现故障的时候）。同时，微软还鼓励网管在服务器上使用命令行和脚本，并保留了管理客户端的 GUI 安装选项。微软认为 Windows Server Core 是 Windows Server 2012 的最佳配置。

12）打造数据中心

该技术为合作伙伴提供了很多的机遇。微软全球合作伙伴事业部副总裁 Jon Roskill 在博客里写道该服务器系统带来了一些"优等"机遇。"合作伙伴使用 Windows Server 2012 的高级功能（例如，存储优化，高效率，简化备份和多承租安全），可提供除虚拟化以外的更多解决方案。由于 Windows Server 2012 自带了这些功能，客户无需购买更多授权，因此客户可以把更多钱花在购买设备和解决方案上。"

13）云计算

微软在争夺云领地的战斗中不断抛出的一个主题，就是用户在本地化和云端的选择自由性。微软希望合作伙伴可以使用 Windows Server/Windows Azure/System Center 的组合，搭建云操作系统，同时抢占本地化的市场。Roskill 说："合作伙伴面临的机遇很多，可以提供弹性云优化应用，提供 Cross-Premises 身份管理，还可以提供类如自动化和故障恢复之类的服务。"

任务 1.2　Windows Server 2012 服务器安装

1．任务描述

JDY 商务公司现有服务器系统 2 个，分别用于门户网站和办公自动化系统的部署，系统硬件陈旧，现需要进行软硬件系统的升级，JDY 的郑工程师选择了 Windows Server 2012 操作系统和高性能服务器，准备工作已经完成。接下来需要在每台服务器上安装 Windows Server 2012 操作系统，以便尽快完成服务系统的迁移工作。

2．任务目标

（1）了解 Windows Server 2012 的系统需求。
（2）熟悉 Windows Server 2012 的安装模式。
（3）学会 Windows Server 2012 安装与配置。

3．任务实施

（1）Windows Server 2012 的系统需求如表 1-1 所示。

表 1-1　Windows Server 2012 的系统需求

硬　　件	需　　求	备　　注
处理器（CPU）	最小时钟频率 1.4GHz，64 位	处理器性能不仅取决于处理器的时钟频率，还取决于处理器内核数以及处理器缓存大小
内存（RAM）	最少 512MB	
硬盘	最少 32GB	32 GB 应视为可确保成功安装的绝对最低值
显示设备	超级　VGA（800×600）或更高分辨率的显示器	

（2）Windows Server 2012 的安装模式。Windows Server 2012 提供了如下两种安装模式。

① 带有 GUI 的服务器："带 GUI 选项的服务器"选项在 Windows Server 2012 中等效于 Windows Server 2008 R2 中的完全安装选项。安装完成后的 Windows Server 2012 包含图形用户界面，它提供了友好用户界面与图形管理工具。

② 服务器核心安装：安装完成的 Windows Server 2012 仅提供最小化的环境，它可以降低维护与管理需求、减少使用硬盘容量、减少被攻击次数。由于没有友好用户界面与图形管理工具，因此只能使用命令提示符（Command Prompt）、Windows PowerShell 或通过远程计算机来管理。因此建议选择服务器核心安装，除非有特殊需求，否则要用到"完全安装"选项中包含的附加用户界面元素和图形管理工具。

（3）Windows Server 2012 系统安装。

① 服务器通过光驱启动，正式进行 Windows Server 2012 安装。

② 如图 1-2 所示，提示默认选择语言为"中文（简体，中国）"，单击"下一步"按钮。

图 1-2 选择语言

③ 如图 1-3 所示，单击"现在安装"按钮。

图 1-3 安装界面

④ 如图 1-4 所示，输入产品激活密钥（本次安装 R2 版本），然后单击"下一步"按钮。

图 1-4 输入密钥

⑤ 如图 1-5 所示，选择安装操作系统的版本（选择带有 GUI 的服务器选项），然后单击"下一步"按钮。

图 1-5　选择版本

⑥ 如图 1-6 所示，勾选"我接受许可条款"复选框，然后单击"下一步"按钮。

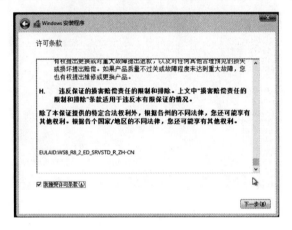

图 1-6　同意条款

⑦ 如图 1-7 所示，选择"自定义：仅安装 Windows（高级）"选项，然后单击"下一步"按钮。

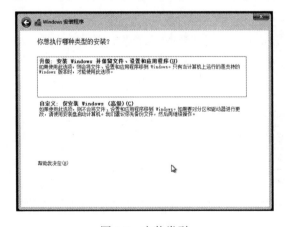

图 1-7　安装类型

⑧ 如图 1-8 所示，选择安装 Windows Server 2012 的分区（如果硬盘尚未分区，则需要对硬盘进行分区），然后单击"下一步"按钮。

图 1-8　选择分区

⑨ 如图 1-9 所示，安装开始。

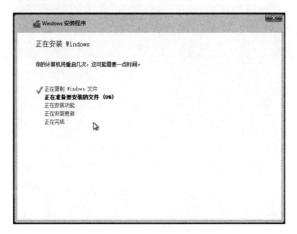

图 1-9　开始安装

⑩ 如图 1-10 所示，安装完成后系统重启，开始安装设备驱动程序。

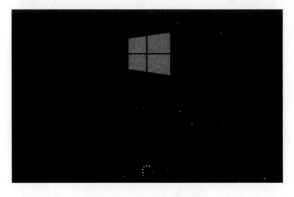

图 1-10　等待驱动安装

（4）系统配置。

① 安装成功后，首次启动系统时需要设置 Administrator 的密码，如图 1-10 所示。

图 1-11　设置密码

② 输入密码后单击"完成"按钮，进入登录界面，如图 1-12 所示。

③ 输入本地管理员密码并登录，如图 1-13 所示。

④ 登录成功后进入全新的 Windows Server 2012 操作系统界面，如图 1-14 所示。

图 1-12　准备登录

图 1-13　登录账户

图 1-14　登录成功

Windows Server 提供了一种极为精简的服务器核心运行界面模式——Server Core。在早期，这种模式是不可随意切换的，也就是说如果在安装时选择了 Server Core，那么以后想要使用管理器（MMC）或图形界面就必须重新安装服务器系统，那时的 Windows Server 实际上具备了以下 3 种运行界面模式。

（1）图形界面模式：标准的服务器运行环境，包含资源管理器、MMC 控制台等图形界面。

（2）带有桌面体验的图形界面模式（Desktop Experience）：提供桌面主题、壁纸、声音、触控以及应用商店等丰富的桌面体验。

（3）服务器核心模式（Server Core）：取消了大部分图形界面，仅拥有最少角色和功能的最小化运行环境。

Windows Server 2012 R2 服务器的运行界面模式发生了变化，图形界面模式和服务器核心模式变得可以随意切换，当安装 Windows Server 2012 时，可以在服务器核心安装和带有 GUI 的服务器选项之间任选一种，如图 1-15 所示。带有 GUI 的服务器选项等效于 Windows Server 2008 R2 中的完全安装选项。服务器核心安装选项可减少所需的磁盘空间、潜在的攻击面，尤其是服务要求，因此建议选择服务器核心安装选项，除非有特殊需求，否则要用到"完全安装"选项中包含的附加用户界面元素和图形管理工具。

现在默认使用的是"服务器核心安装"选项。采用服务器核心安装的 Windows 没有图形化界面，只能通过命令行的方式或者 PowerShell 的方式进行操作。要在没有图形化界面的 Windows 上进行安装配置，对于复杂的应用程序来说比较困难，此时可以先选择带有 GUI 的服务器安装，配置完成后，随时可以在带有 GUI 的服务器和服务器核心安装选项之间自由切换。所以建议安装方法如下：先选择带有 GUI 的服务器选项，然后使用图形工具配置服务器，以后再切换为服务器核心安装选项。

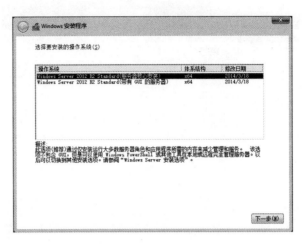

图 1-15　Windows Server 2012 安装模式

还可以使用一种折中方法，即以带有 GUI 的服务器选项开始安装，然后删除服务器图形 Shell，这样服务器就会包含最小服务器界面、Microsoft 管理控制台（MMC）、服务器管理器和控制面板的一个子集。此外，在任一选项安装完成之后，可以将不需要的服务器角色和功能的文件完全删除，从而节省磁盘空间，并进一步减小潜在的攻击面。"服务器核心"模式中的服务器比带有 GUI 模式的相同服务器占用空间小约 4GB。要实现尽可能小的安装空间占用量，可先进行"服务器核心安装"，然后使用"按需功能"完全删除所有不需要的服务器角色或功能。

请探索实现如下操作：

（1）如何在服务器核心（Server Core）模式下进行 Windows Server 2012 的安装？

（2）如何实现 Windows Server 2012 图形用户界面（GUI）和服务器核心（Server Core）的切换？

（3）探索 Windows Server 2012 四个版本——Foundation、Essentials、Standard 以及 Datacenter 的异同。

（4）如何制作 Windows Server 2012 的 U 盘启动安装盘？

（5）使用 VMware Workstation 安装 Windows Server 2012 Standard，并配置使其可以访问网络，了解三种网络配置方式的差异。

本地用户与组账户的管理

【知识目标】

- 识记：用户和组的概念。
- 领会：用户和组的管理中基本的原则和技巧。

【技能目标】

- 学会用户和用户组的创建、查看、删除和权限更改操作。
- 学会使用用户和组加强保护计算机和网络系统安全操作。

【工作岗位】

- 系统架构师、系统管理员、网络工程师等。

【教学重点】

- 用户和用户组的创建、查看、删除和权限更改操作。

【教学难点】

- 理解用户和组的管理中基本的原则和技巧。

【教学资源】

- 微课视频。
- 教学课件。
- 授课教案。
- 试卷题库。

引言

如何保护计算机系统和网络系统的安全？如何限制用户对系统的访问？如何保护计算机中的信息不被人非法窃取？使用用户账户和组，是保护系统安全和网络资源的基本方法。

Windows Server 2012 中一个账户包括账户名、密码、权限等信息，这些信息存储在计算机中，是网络上的个人唯一标识，系统通过账户来确认用户的身份，并赋予用户对资源的访问权限。

JDY 公司的郑工程师在安装 Windows Server 2012 服务器后，为了加强系统的安全操作管理，保证公司业务的顺利升级与后期的维护，需要对公司技术员工进行"账户与用户组的创建与管理"培训。

项目介绍

郑工程师为了能够较好地完成对公司技术员工使用 Windows Server 2012 的培训，制订了完备的培训计划，加强系统的管理与维护，首先需要熟悉账户与组的安全管理的相关操作，需要完成如下内容的学习。

（1）Windows Server 2012 账户的分类。

（2）内置本地账户的创建与管理操作。

（3）账户对应密码的更改、备份与还原操作。

（4）本地组账户的创建与管理操作。

任务 2.1 认识内置的本地账户

1．任务描述

每台 Windows 计算机都有一个本地安全账户管理器（SAM），用户在使用计算机前都必须登录该计算机，也就是要提供有效的用户账户与密码，而这个用户账户就创建在本地安全账户管理器内，这个账户被称为本地用户账户。同理，创建在本地安全账户管理器内的组被称为本地组账户。本任务将对内置本地账户和本地组账户进行探讨。

2．任务目标

（1）熟悉 Windows Sever 2012 内置的两个用户账户。

（2）熟悉 Windows Sever 2012 内置的本地组账户。

（3）熟悉 Windows Sever 2012 的特殊组账户。

3．任务实施

（1）内置的本地用户账户。Windows Sever 2012 内置了两个用户账户。

① Administrator（系统管理员）：它拥有最高的权限，可以利用它来管理计算机。例如，

创建、修改、删除用户与组账户，设置安全策略，添加打印机，设置用户权限等。无法将此账户删除，但为了安全起见，建议将其改名。

② Guest（来宾）：它是供没有账户的用户临时使用的，只有很少的权限。用户可以更改其名称，但无法将它删除。此账户默认是被禁用的。

（2）内置的本地组账户。Windows Sever 2012 系统内置了许多本地组，它们本身都已经被赋予一些权利（Rights）与权限（Permissions），以便让它们具备管理本地计算机或访问本地资源的能力。只要用户账户被加入本地组内，此用户就会具备该组拥有的权利与权限。以下列出一些比较常用的本地组。

① Administrators：此组内的用户具备系统管理员的权限，它们拥有对这台计算机最大的控制权，可以执行整台计算机的管理任务。内置的系统管理员 Administrator 就隶属于此组，而且无法将它从此组内删除。

② Backup Operators：此组内的用户可以通过 Windows Server Backup 工具来备份与还原计算机内的文件，不论它们是否有权限访问这些工件。

③ Guests：此组内的用户无法永久改变其桌面的工作环境，当它们登录时，系统会为它们创建一个临时的用户配置文件，而注销时此配置工件就会被删除。此组默认成员为用户账户。

④ Network Configuration Operators：此组内的用户可以执行一般的网络设置任务，例如，更改 IP 地址，但是不可安装、删除驱动程序与服务，也不可执行与网络服务器设置有关的任务，例如，DNS 服务器与 DHCP 服务器的设置。

⑤ Performance Monitor Users：此组内的用户可监视本地计算机的运行性能。

⑥ Power Users：为了简化组，此组在旧版 Windows 系统中存在将被淘汰，Windows Server 2008 及其之后的系统虽然还留着这个组，但是并没有像旧版 Windows 系统一样被赋予比较多的特殊权限与权利，也就是它的权限与权利并不比一般用户大。

⑦ Remote Desktop Users：此组内的用户可以从远程计算机利用远程桌面服务来登录。

⑧ Users：此组内的用户只拥有一些基本权限，例如，运行应用程序、使用本地与网络打印机、锁定计算机等，但是它们不能将文件夹共享给网络上其他的用户、不能关机等。所有添加的本地用户账户都自动隶属于此组。

（3）特殊组账户。除了前面介绍的组之外，Windows Server 2012 内还有一些特殊组，而且无法更改这些组的成员。以下列出几个常见的特殊组。

① Everyone：任何一位用户都属于这个组。如果 Guest 账户被启用，则在给 Everyone 指派权限时需要小心，因为如果一位在计算机内没有账户的用户，通过网络来登录了计算机，就会被自动允许利用 Guest 账户连接。此时，因为 Guest 也属于 Everyone 组，所以其将具备 Everyone 拥有的权限。

② Authenticated Users：任何利用有效用户账户来登录此计算机的用户，都属于此组。

③ Interactive：任何在本地登录（按 Ctrl+Alt+Delete 登录）的用户，都属于此组。

④ Network：任何通过网络来登录此计算机的用户，都属于此组。

⑤ Anonymous Logon：任何未利用有效的一般用户账户来登录的用户，都属于此组。Anonymous Logon 默认并不属于 Everyone 组。

⑥ Dialup：任何利用拨号方式来连接的用户，都属于此组。

任务 2.2 本地用户账户的管理

微视频 2-2 本地用户账户管理

1. 任务描述

每台 Windows 计算机都有一个本地安全账户管理器（SAM），用户在使用计算机前都必须登录该计算机，也就是要提供有效的用户账户与密码，下面将讨论如何对本地账户进行创建、修改本地账户的密码等管理。

2. 任务目标

（1）学会 Windows Sever 2012 本地账户的创建操作。

（2）学会 Windows Sever 2012 本地账户的密码修改操作。

注意：系统默认只有 Administrators 组内的用户才有权限来管理用户组账户，因此，请利用属于此组的 Administrator 登录来执行以下任务。

3. 任务实施

（1）创建本地用户账户。可以利用本地用户和组来创建本地用户账户：在桌面上，依次打开"管理工具"→"计算机管理"窗口，在"本地用户和组"的"用户"节点上右击，随后选择"新用户"选项，输入用户的相关信息后单击"创建"按钮，如图 2-1 所示。

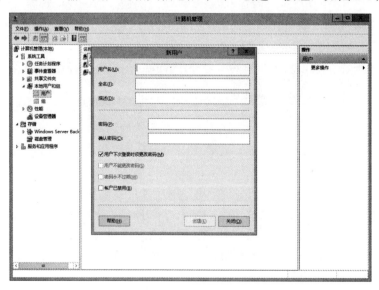

图 2-1 用户管理界面

也可以通过开始屏幕→控制面板→用户账户→用户账户→管理其他账户来创建和管理用户账户。

① 用户名：用户登录时需要输入的账户名称。

② 全名、描述：用户完整的名称，用来描述用户。

③ 密码、确认密码：设置用户账户的密码。

注意：英文字母大小写是不同的，例如，zheng 与 ZHENG 是不同的密码，如果密码为空白，则系统默认此用户账户只能本地登录，无法采用网络登录。

④ 用户下次登录时须更改密码：用户在下次登录时，系统会强制用户更改密码。

注意：如果该用户要通过网络来登录，请勿勾选此复选框，否则用户将无法登录，因为网络登录时无法更改密码。

⑤ 用户不能更改密码：它可防止用户更改密码。如果没有勾选此复选框，用户可以在登录完后，通过【按 Ctrl+Alt+Delete 组合键→更改密码】的方法来更改自己的密码。

⑥ 密码永不过期：当密码设定时间超过了系统的账户策略中的密码策略中设定的密码最长使用期限的值后，系统会要求用户更改密码，但是如果勾选此复选框，则系统永远不会要求用户更改密码（该值可以自行设定）。

⑦ 账户已禁用：可以防止用户利用此账户登录，例如，预先为新员工创建了账户，但是该员工尚未报到，可以利用此选项暂时将该账户禁用。

用户账户创建好之后，可注销当前用户，然后在如图 2-2 所示的窗口中单击新创建的账户，以便使用新账户登录。

图 2-2　注销用户

（2）修改本地用户账户。如图 2-3 所示，右击用户账户，然后通过界面中的选项进行设置。

① 设置密码：用来更改用户的密码。

② 删除、重命名账户：可以删除不需要的账户，也可以更改用户的账户名。

注意：系统将为每个用户账户创建一个唯一的安全识别码（SID，它是一串英文和数字的组合）。在系统内部可利用 SID 来代表该用户，例如，文件权限列表内是通过 SID 来记录该用户具备何种权限的，而不是通过用户账户名进行记录的。不过，为了便于查看这些列表，当通过文件资源管理器来查看这些列表时，系统会将 SID 转换成用户账户名。

当将账户删除后，即使再添加一个名称相同的账户，此时因为系统会赋予这个新账户一个新 SID，它与原账户的 SID 不同，因此这个新账户不会拥有原账户的权限与权利，然而重命名账户时，由于 SID 不会改变，因此用户原来拥有的权限不会受到影响。例如，当某员工离职时，可以暂时先将其用户账户禁用，等到新进员工来接替其工作时，再将此账户改为新员工的名称、重新设置密码与相关的个人信息。

图 2-3　设置用户账户界面

如果要修改用户账户的其他相关数据：右击"用户账户"节点，"属性"选项，并进行相应的修改操作。

（3）用户账户管理。可以通过"开始"屏幕→"控制面板"→"用户账户"→"用户账户"→"管理其他账户"（图 2-4）的方法管理用户账户，此方法与前面使用的本地用户和组各有特色。

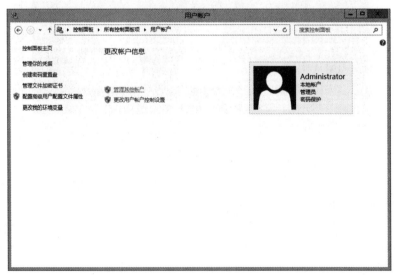

图 2-4　账户管理界面

任务 2.3　密码的更改、备份与还原

微视频 2-3　密码的更改、备份与还原

1. 任务描述

虽然密码给生活带来了种种困扰，但它终究是保护用户隐私安全的最基本的防线，如果用户自身具有了很好的安全意识，设置了合理有效的密码，那么保护隐私安全也就更简单有效了。此外，应养成定期变更密码的习惯，每隔一段时间要定期更改密码，以加强密码安全。本任务将讨论密码的更改、备份与还原。

2. 任务目标

（1）学会密码更改操作。
（2）学会密码备份操作。
（3）学会密码还原操作。

3. 任务实施

若本地用户要更改密码，可以在登录完成后按 Ctrl+Alt+Delete 组合键，然后在如图 2-5 所示界面中单击"更改密码"按钮。

图 2-5　任务管理器界面

为避免用户忘记登录密码，可事先制作一个密码重置盘，当忘记密码时以用来重置密码。
（1）创建密码重置盘。可以使用 U 盘来制作密码重置盘。
① 插入已经格式化的 U 盘到计算机上，如果尚未格式化，请先对 U 盘进行格式化。
② 登录完成后，按 Ctrl+Alt+Delete 组合键，单击"更改密码"按钮，随后单击"创建密

码重置盘"超链接，如图 2-6 所示。

图 2-6　更改密码

注意： 也可以通过"开始"屏幕→"控制面板"→"用户账户"→"用户账户"→"创建密码重置盘"的方法来实现。

③ 密码重置盘制作完成之后，无论更改过多少次密码，都不需要再重新制作密码重置盘。单击"下一步"按钮，如图 2-7 所示。

图 2-7　忘记密码向导

注意： 请保管好密码重置盘，因为任何人得到它，都可以重置系统密码，访问用户的隐私数据。

④ 选择利用 U 盘，如图 2-8 所示。

⑤ 输入当前的密码，如图 2-9 所示。单击"下一步"按钮并完成后续的操作。

注意： 如果之前已经制作过密码重置盘，系统会警告原有密码重置盘将无法再使用。如果放入的磁盘已经是一个密码重置盘，则系统会警告该磁盘内现有的密码信息将被替代。

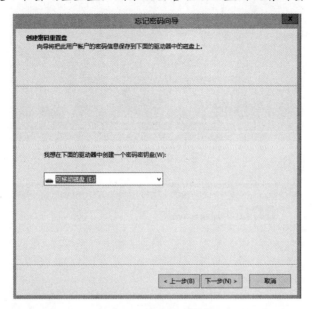

图 2-8　选择密码密钥盘

图 2-9　输入当前账户密码

（2）重置密码。如果用户在登录时忘记了密码，就可以利用前面制作的密码重置盘来重新设置一个密码，其步骤如下所示。

① 在登录、输入错误的密码后，单击"重置密码"按钮，如图 2-10 所示。

② 在打开欢迎使用密码重置向导对话框时，单击"下一步"按钮。

③ 选择并插入 U 盘，如图 2-11 所示，单击"下一步"按钮。

图 2-10　登录界面

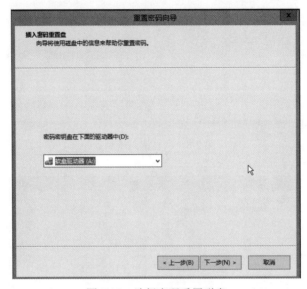

图 2-11　选择密码重置磁盘

④ 设置新密码和密码提示，如图 2-12 所示。单击"下一步"按钮。

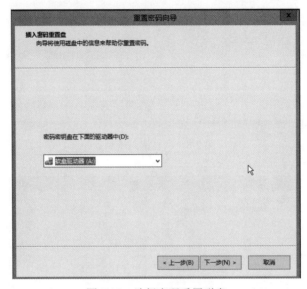

图 2-12　重置密码

⑤ 继续完成操作，并使用新密码登录。

（3）如果用户忘记了密码，事先也没有制作密码重置盘，此时需要请系统管理员帮用户设置新密码（无法查出旧密码）：在"开始"屏幕中依次选择"管理工具"→"计算机管理"→"系统工具"→"本地用户和组"→"用户"选项，右击相应用户账户，选择"设置密码"选项，之后会出现警告信息，如图 2-13 所示。提醒应该在用户没有制作密码重置盘的情况下才使用这种方法。因为有些受保护的数据在通过此种方法将用户的密码更改后，用户就无法再访问这些数据了，例如，被用户加密的文件、使用用户的公开密钥加密过的电子邮件、用户保存在本地计算机内用来连接 Internet 的密码等。

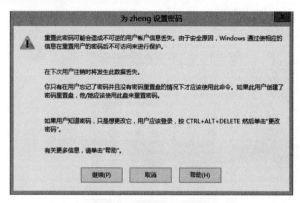

图 2-13　重置密码警告界面

注意：如果用户就是系统管理员 Administrator，但是忘记了密码，也未制作密码重置盘，则需要利用另一位具备系统管理员权限的用户账户（属于 Administrators 组）登录并更改 Administrator 的密码，因此，强烈建议事先创建一个具备系统管理员权限的用户账户，以备不时之需。

任务 2.4　本地组账户的管理

微视频 2-4　本地组账户的管理

1．任务描述

Windows 是一个支持多用户、多任务的操作系统，不同的用户在访问这台计算机时，将会有不同的权限。同时，对用户权限的设置也是基于用户和进程而言的，本任务将讨论用户组的添加与删除。

2．任务目标

（1）学会添加用户组的操作。

（2）熟悉用户与用户组之间的关系。

3．任务实施

郑工程师作为系统管理员，为了减轻管理负担，需要合理使用组来管理用户账户的权限，例如，当针对业务部设置权限后，业务部内的所有用户都会自动拥有此权限。创建本地组账户的方法：在"开始"屏幕上，依次选择"管理工具"→"计算机管理"→"系统工具"→"本地用户和组"选项，右击"组"选项，选择"新建组"选项，如图 2-14 所示。

图 2-14　新建组

设置该组的名称（如技术部），并单击"添加"按钮，完成用户的添加，单击"创建"按钮，完成操作，如图 2-15 所示。

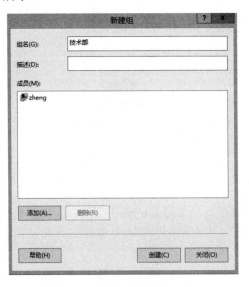

图 2-15　新建组并添加用户

如果以后要将其他用户账户加入此组中，可双击此组，单击"添加"按钮；或者双击用户账户，选择"隶属于"选项单击"添加"按钮即可。

在 Windows Server 2012 R2 中，远程桌面服务在以下方面提供了增强的支持：

（1）会话重影。在 Windows Server 2012 R2 中，通过会话重影，能够在远程桌面会话主机服务器上远程监视或控制其他用户的活动会话。当前版本包括与服务器管理器和远程桌面连接（mstsc.exe）的集成。

（2）在线重复数据删除。在 Windows Server 2012 R2 中，如果桌面虚拟硬盘（VHD）存储在运行 Windows Server 2012 R2 的文件服务器上，并能够使用服务器消息块（SMB）进行访问，那么在 Windows Server 2012 中发布的重复数据删除功能，可与处于活动运行状态的个人桌面集合在一起使用。使用重复数据删除功能可以大幅降低存储容量要求。SMB 服务器上的重复数据删除功能可以缓存经常访问的数据，许多读取密集型操作的性能因此得以提高，包括并行远程客户端启动。

（3）改进的 RemoteApp 行为。在 Windows Server 2012 R2 中，RemoteApp 程序提供对透明度、实时缩略图和无缝应用程序移动（在应用程序移动到屏幕上时，允许应用程序的内容保持可见）的支持，在外观上更接近本地应用程序。

（4）远程桌面客户端的快速重新连接。在 Windows Server 2012 R2 中，快速重新连接功能可以提高连接性能，让用户能够更快地重新连接到其现有虚拟机、RemoteApp 程序和基于会话的桌面。RemoteApp 程序的连接过程已针对 Windows 8.1 和 Windows Server 2012 R2 客户端重新设计，信息量更多且更加友好。

（5）改进的压缩和带宽使用体验。Windows Server 2012 R2 通过使用压缩能力更强的压缩解压缩程序，实现了带宽节省（例如，与 Windows Server 2012 相比，通过 WAN 交付的视频内容所占用的带宽最高可减少 50%），Windows Server 2012 远程体验的性能因此得到提高。

（6）动态显示处理。在 Windows 8.1 和 Windows Server 2012 R2 中，已经添加对客户端上的显示更改自动在远程客户端上反映的支持。这对远程会话和 RemoteApp 程序而言意味着无缝设备旋转以及显示器添加和删除（例如，连接到投影仪或停靠笔记本式计算机）。

（7）RemoteFX 虚拟化 GPU 支持 DX11.1。对于拥有支持 DX11.1 的显卡的系统，Windows Server 2012 R2 中的 RemoteFX vGPU 包括对 DX11.1 的支持。依赖 DX11.1 功能的图形密集型应用程序可以在 Windows 8.1 和 Windows Server 2012 R2 上的虚拟化环境中进行虚拟化并运行。Windows Server 2012 R2 引入了以下功能。

① 非一致性内存访问（NUMA）支持：在基于 NUMA 的平台上运行的 RemoteFX 将体验改进的缩放功能。

② 视频 RAM（VRAM）更改：向运行 Hyper-V 的服务器添加系统内存，使虚拟机的 VRAM 能够动态增加，这可以提高应用程序的性能。

（8）RestrictedAdmin 模式远程桌面。Windows 8.1 和 Windows Server 2012 R2 支持在 RestrictedAdmin 模式下进行连接的新远程桌面选项。使用 RestrictedAdmin 模式进行连接时，

用户的凭据不通过远程桌面客户端发送给主机。在此模式下使用管理员凭据时，远程桌面客户端将尝试以交互方式登录到主机，该主机同样也支持此模式且无须发送凭据。如果主机验证确定连接到它的用户账户具有管理员权限且支持受限管理模式，则连接成功；否则，连接尝试失败。受限管理模式从不将纯文本或其他可重用形式的凭据发送给远程计算机。

注意：在 RestrictedAdmin 模式下连接到主机后，用户将无法使用其提供给远程桌面客户端的凭据从该主机无缝访问其他网络资源。

请探索实现如下操作：

（1）如何在服务器核心（Server Core）模式下进行用户的增加与删除？

（2）如何创建密码重置 U 盘，使用 U 盘修改用户密码？

（3）如何创建新的用户（George 和 Tom（及用户组（myhome），并将（George）和 Tom 用户加入新的用户组 myhome？

（4）如何为 George 和 Tom 用户设置远程连接服务器的功能，并使其可以同时远程连接服务器？

NTFS 磁盘安全管理

【知识目标】

- 识记：NTFS 文件管理系统；NTFS 权限的设置与有效性。
- 领会：文件管理系统的文件分配表；稀疏文件、磁盘配额等 NTFS 文件管理系统的功能。

【技能目标】

- 学会使用 NTFS 格式化磁盘操作。
- 学会使用 NTFS 文件系统实现权限管理操作。

【工作岗位】

- 系统架构师、系统管理员、网络工程师等。

【教学重点】

- NTFS 权限的修改、查看、继承等。

【教学难点】

■理解 NTFS 对加强系统安全的作用。

【教学资源】

- 微课视频。
- 教学课件。
- 授课教案。
- 试卷题库。

文件系统是操作系统用于明确磁盘或分区上的文件的方法和数据结构，即在磁盘上组织文件的方法，也指用于存储文件的磁盘或分区，或文件系统种类。操作系统中负责管理和存储文件信息的软件机构称为文件管理系统，简称文件系统。文件系统由三部分组成：与文件管理有关软件、被管理文件以及实施文件管理所需数据结构。从系统角度来看，文件系统是对文件存储器空间进行组织和分配，负责文件存储并对存入的文件进行保护和检索的系统。它负责为用户建立文件，存入、读出、修改、转储文件，控制文件的存取、撤销等。

在 Windows Server 2012 的文件系统中，NTFS 磁盘提供了相当多的安全功能，为了更好地使用 Windows Server 的文件系统加强系统安全管理，郑工程师需要进一步加强对技术人员进行"文件系统"使用操作等相关培训工作。

JDY 公司为了在业务部署中充分、有效地使用 Windows Server 2012 中的 NTFS 文件系统的安全功能，实现用户对磁盘内文件或文件夹的资源使用权限的控制，郑工程师制订了如下培训计划。

（1）介绍 NTFS 文件系统。

（2）NTFS 磁盘的安全与管理。

（3）使用 EPS 加密文件操作。

（4）使用 BitLocker 加密驱动器操作。

任务 3.1　NTFS 文件系统探讨

1. 任务描述

NTFS 文件系统具有文件权限、数据加密、数据压缩、磁盘配额等特性，使得管理计算机和用户权限、管理磁盘空间、管理敏感数据的效率都得到了较大的提升。而且 NTFS 支持较 FAT 等文件系统更大的磁盘分区，也提高了系统的稳定性和安全性等。为了更好地使用 NTFS，下面将主要探讨 NFTS 文件系统的特性。

2. 任务目标

（1）了解 NTFS 文件系统的标准文件权限种类。

（2）熟悉继承、叠加权限的判定，简化权限管理。

3. 任务实施

（1）Windows Server 2012 文件系统。Windows Server 2012 操作系统支持 FAT32、NTFS 和 ReFS 文件系统，Windows Server 2012 的计算机可安装多个操作系统，支持多引导功能，

NTFS 文件系统是微软基于 NT 内核操作系统特有的文件系统格式，它提供了多种特有的功能。ReFS（弹性文件系统）是在 Windows Server 2012 中新引入的文件系统。其设计的目的是可存储大量数据，最大限度保护数据的可靠性和可用性，而不影响性能。

用户必须对磁盘内的文件或文件夹拥有适当权限后，才可以访问这些资源。权限可以分为标准权限与特殊权限，其中标准权限可以满足一般需求，而通过特殊权限可以更精确地分配权限。以下权限仅用于文件系统 NTFS 和 ReFS 的磁盘，而 FAT、FAT32 都不具备权限功能。

① 标准文件权限的种类。标准文件权限的种类说明如下。

● 读取：可以读取文件内容、查看文件属性与权限等（可以通过打开"文件资源管理器"→选中文件并右击，选择"属性"选项的方法来查看只读、隐藏等文件属性）。

● 写入：可以修改文件内容、在文件后面增加数据与变更文件属性等（用户至少还需要具备读取权限才可以更改文件内容）。

● 读取和执行：除了拥有读取的所有权限外，还具备执行应用程序的权限。

● 修改：除了拥有读取、写入与读取和执行的所有权限外，还可以删除文件。

● 完全控制：拥有前述所有权限，同时加上更改权限与取得所有权的特殊权限。

② 标准文件夹权限的种类。标准文件夹权限的种类说明如下。

● 读取：可以查看文件夹内的文件与子文件夹名称，查看文件夹属性与权限等。

● 写入：可以在文件夹内添加文件与子文件夹、改变文件夹属性等。

● 列出文件夹内容：除了拥有读取的所有权限之外，还具备浏览文件夹权限，即可以打开或关闭此文件夹。

● 读取和执行：与列出文件夹内容相同，不过列出文件夹内容权限只会被文件夹继承，而读取和执行会同时被文件夹与文件继承。

● 修改：除了拥有前面的所有权限之外，还可以删除此文件夹。

● 完全控制：拥有前述所有权限，同时加上更改权限与取得所有权的特殊权限。

（2）Windows Server 2012 用户的有效权限。

① 权限是可以被继承的。当针对文件夹设置权限后，这个权限默认会被此文件夹下的子文件夹与文件继承，例如，设置用户甲对 A 文件夹拥有读取的权限，则用户甲对 A 文件夹内的文件也拥有读取的权限。

设置文件夹权限时，除了可以让子文件夹与文件都继承权限之外，也可以单独让子文件夹或文件继承，或者都不让其继承。

而设置子文件夹或文件权限时，可以让子文件夹或文件不继承父文件夹的权限，这样该子文件夹或文件的权限将是直接针对它们设置的权限。

② 权限是可以累加的。如果用户同时隶属多个组，而且当该用户与这些组分别对某个文件（或文件夹）拥有不同的权限设置时，则该用户对这个文件的最后有效权限是所有权限来源的总和。例如，若用户甲同时属于业务部与技术部，并且其权限分别如表 3-1 所示，则用户甲最后的有效权限为这 3 个权限的总和，也就是写入+读取+执行。

③ "拒绝"权限的优先级比较高。虽然用户对某个文件的有效权限是其所有权限来源的总和，但是只要其中有个权限来源被设置为拒绝，则用户将不会拥有此权限。例如，若用户甲同时属于业务部与技术部，并且权限分别如表 3-2 所示，则用户甲的读取权限会被拒绝，

也就是无法读取此文件。

表 3-1　权限分配表

用户或组	权限
用户甲	写入
业务部	读取
技术部	读取和执行
用户甲最后的有效权限：写入+读取+执行	

表 3-2　权限分配表

用户或组	权限
用户甲	读取
业务部	读取被拒绝
技术部	修改
用户甲读取权限：拒绝	

注意：继承的权限，其优先级比直接设置的权限低，例如，将用户甲对 A 文件夹的写入权限设置为拒绝，则用户甲对此文件夹下的文件的写入权限也会被拒绝，但是如果直接将用户甲对此文件的写入权限设置为允许，此时因为它的优先级较高，因此用户甲对此文件仍然拥有写入的权限。

④ 资源复制或移动时权限的变化与处理。在权限的应用中，不可避免地会遇到设置了权限后的资源需要复制或移动的情况，那么这个时候资源相应的权限会发生怎样的变化呢？

● 在复制资源时，原资源的权限不会发生变化，而新生成的资源将继承其目标位置父级资源的权限。

● 在移动资源时，一般会遇到两种情况：一是如果资源的移动发生在同一驱动器内，那么对象保留本身原有的权限不变（包括资源本身权限及原先从父级资源中继承的权限）；二是如果资源的移动发生在不同的驱动器之间，那么不仅对象本身的权限会丢失，而且原先从父级资源中继承的权限，也会被从目标位置的父级资源继承的权限替代。

● 上述复制或移动资源时产生的权限变化，只是针对 NTFS 分区而言的，如果将资源复制或移动到非 NTFS 分区（如 FAT16/FAT32 分区）上，那么所有的权限均会自动全部丢失。

任务 3.2　NTFS 磁盘的安全与管理

微视频 3-2　NTFS 磁盘的安全与管理

1. 任务描述

JDY 公司为了保障 Windows 系统的安全性与稳定性，系统均采用 NTFS 文件系统，因此共享文件夹的访问权限不但受到"共享限制"，还受到 NTFS 文件系统的访问控制列表包（Access Control List，ACL）包含的访问权限的制约，本任务主要探讨如何控制 NTFS 权限的有效性。

2. 任务目标

学会 NTFS 安全权限的配置。

3. 任务实施

（1）设置 NTFS 权限。将某个磁盘格式化为 NTFS 后，系统默认的权限设置为 Everyone 的权限都是完全控制，为了该磁盘内的文件与文件夹的安全性，应该改变这个默认值，也就是重新改变用户的访问权限。

① 查看 NTFS 权限。如果用户需要查看文件或文件夹的属性，则方法如下。

步骤 1：在资源管理器中，右击选定的文件或文件夹，在弹出的快捷菜单中选择"属性"选项。

步骤 2：在打开的文件或文件夹的属性对话框中选择"安全"选项卡，在"组或用户名"列表框中列出了对选定的文件或文件夹具有访问许可权限的组和用户。当选定某个组或用户后，该组或用户所具有的各种权限将显示在权限列表框中。

② 修改 NTFS 权限。当用户需要修改文件或文件夹的权限的时候，必须具有对它的更改权限或拥有权。具体方法如下。

步骤 1：打开如图 3-1 所示的文件或文件夹的属性对话框，单击"编辑"按钮，打开权限设置对话框。

步骤 2：可以在如图 3-2 所示的对话框中，在"组或用户名"列表框中选择要设置的用户和组，然后在"××的权限"列表框中简单地勾选权限后的复选框即可。

图 3-1　查看文件属性

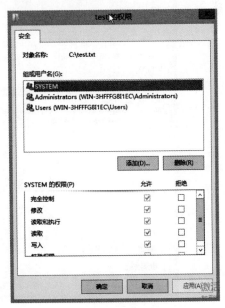

图 3-2　修改权限

步骤 3：如果要修改文件或文件夹的"特殊权限"，可单击如图 3-1 所示属性对话框中的"高级"按钮，将打开如图 3-3 所示的高级安全设置对话框，在此可以查看该文件或文件夹拥有的"权限"、"审核"、"所有者"及"有效权限"。

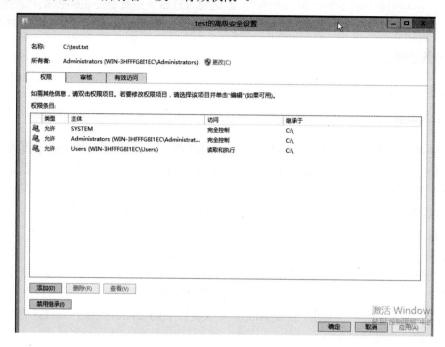

图 3-3　查看高级安全设置

步骤 4：选择"权限"选项卡，单击"更改权限"按钮，打开如图 3-4 所示的对话框。

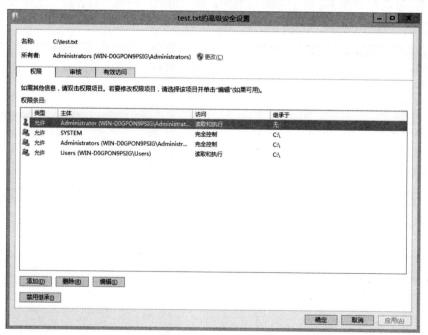

图 3-4　修改权限

步骤 5：可以通过单击"添加"按钮选择需要设定的用户或组，也可以通过单击"编辑"按钮，在打开如图 3-5 所示的对象对话框中，通过单击名称后的"更改"按钮选择用户和组（针对文件夹），在"应用于"下拉列表中可以选择应用的对象，在权限列表框中可对选定的对象进行更详细的权限设置。

③ 取消继承权限。如果不希望继承父项的权限，可以阻断上下目录的继承关系，例如，不希望"C：\试题"内的"A 卷"文件继承父项（C：\试题）权限，可执行如下步骤。

步骤 1：打开 A 卷文件的安全属性，如图 3-6 所示。灰色√表示这些权限是继承下来的。

图 3-5　选择特殊权限

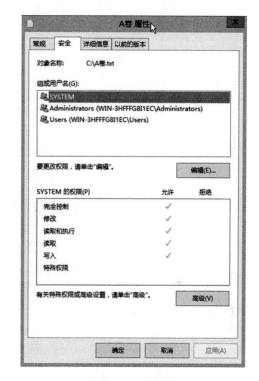

图 3-6　安全属性

步骤 2：单击"高级"按钮，打开如图 3-7 所示的高级安全设置对话框，单击"禁用继录"按钮。

步骤 3：在打开的对话框中，如图 3-8 所示，如果选择第一项，将保留原来从父项对象所继承来的权限；如果选择第二项，将清除原来从父项对象所继承的权限。

④ 取得所有权。很多用户都有过这样的经验，在计算机中病毒之后，当用户试图删除某个文件（夹）时，系统会这么提示：磁盘空间不足或该文件拒绝访问，不能删除此文件。

这是为什么呢？由于病毒程序对此文件（夹）设置了访问权限，所以用户在系统中试图删除文件夹时由于没有相应的权限，所以就会遭到访问拒绝。

这时只要用户夺回这个文件（夹）的控制权，就可以删除它了。但是当选择文件（夹）属性对话框中的高级选项卡时，却发现什么都是灰色的，无法做任何设置。这是因为文件的所有权不属于当前用户。

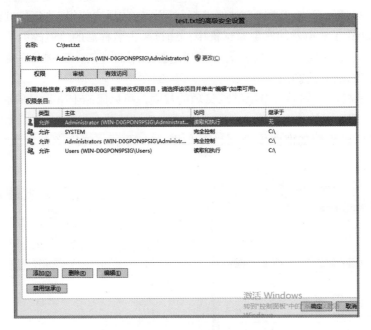

图 3-7　取消继承

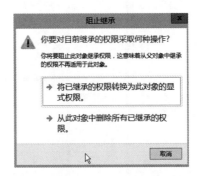

图 3-8　复制或删除继承权限

任务 3.3　加密文件系统的应用

微视频 3-3　加密文件系统的应用

1. 任务描述

加密文件系统（Encrypting File System，EPS）提供文件加密的功能，文件经过加密后，只有当初将其加密的用户或被授权的用户能够读取，因此可以提高文件的安全性。只有 NTFS

和 ReFS 磁盘内的文件、文件夹才可以被加密，如果将文件复制或移动到非 NTFS 磁盘内（包含 ReFS），则此新文件会被解密。

注意：文件压缩与加密无法并存。如果要加密已压缩的文件，则该文件会自动被解压缩。如果要压缩已加密的文件，则该文件会自动被解密。

2. 任务目标

掌握 NTFS 文件系统加密操作。

3. 任务实施

（1）将文件与文件夹加密。将文件加密：选中文件并右击，选择"属性"选项，单击"高级"按钮，在打开的高级属性对话框中勾选"加密内容以便保护数据"复选框，随后单击"确定"按钮，在"属性"对话框中继续单击"确定"按钮，在打开的"加密警告"对话框中选择"加密文件及其父文件夹"或"只加密文件"选项，如果选择了"加密文件及其父文件夹"选项，则以后在此文件夹内新建的文件都会自动被加密。

对文件夹加密：选中文件夹并右击，选择"属性"选项，在属性对话框中单击"高级"按钮，勾选"加密内容以便保护数据"复选框，并确定，如图 3-9 所示。在属性对话框中单击"确定"按钮，选中"将更改应用于此文件夹、子文件夹和文件"单选按钮，如图 3-10 所示。

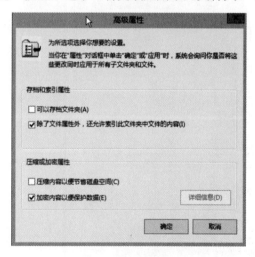

图 3-9　高级属性设置

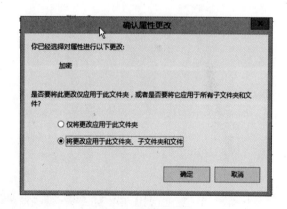

图 3-10　属性更改

当用户或应用程序要读取加密文件时，系统会将文件从磁盘内读出、自动将解密后的内容提供给用户或应用程序使用，然而存储在磁盘内的文件仍然处于加密状态；而当用户或应用程序要将文件写入磁盘时，它们也会被自动加密后再写入磁盘内。这些操作都是自动的，完全不需要用户介入。

当将一个未加密文件移动或复制到加密文件夹中后，该文件会被自动加密。当将一个加密文件移动或复制到非加密文件夹中时，该文件仍然会保持其加密的状态。

注意：仅将更改应用于此文件夹——以后在此文件夹内添加的文件、子文件夹与子文件夹内的文件都会被自动加密，但是不会影响到此文件夹内现有的文件与文件夹。

将更改应用于此文件夹、子文件夹和文件——不但以后在此文件夹内添加的文件、子文件夹与子文件夹内的文件会被自动加密，同时会将已经存在于此文件夹内的现有文件、子文件夹与子文件夹内的文件一起加密。

利用 EFS 加密的文件，只有存储在硬盘内才会被加密，通过网络发送的过程中是不会加密的。如果希望通过网络发送时，仍然保持加密的安全状态，则可通过 IPSec 或 WebDev 的方式进行加密。

（2）备份 EFS 证书。为了避免 EFS 证书丢失或损毁，造成文件无法读取的后果，建议利用证书管理控制台来备份 EFS 证书：按 Windows+R 组合键，运行 certmgr.msc，如图 3-11 所示。选择"个人"→"证书"节点，选中右边"预期目的"为"加密文件系统"并右击在弹出的快捷菜单中选择"所有任务"选项，单击"导出"按钮，在证书导出向导中，单击"下一步"按钮，选择"是，导出私钥"选项，并单击"下一步"按钮，在"导出文件格式"界面中单击"下一步"按钮来选择默认的 PFX 格式，并设置密码（以后只有该用户有权导入，否则需输入此处的密码），单击"下一步"按钮，设置导出的文件路径及名称，建议将此证书文件备份到另一个安全的地方。如果有多个 EFS 证书，应全部导出保存。

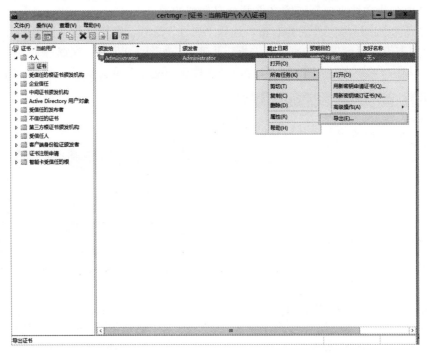

图 3-11　导出 EFS 证书界面

任务 3.4　BitLocker 驱动器加密

微视频 3-4　BitLocker 驱动器加密

1．任务描述

BitLocker 驱动器加密可以将磁盘加密，以确保其中数据的安全。即使磁盘丢失，也不需担心其中的数据外泄，因为即使拿到另外的计算机中使用，也无法读取其中的文件。如果被加密保护的磁盘是 Windows Server 2012 操作系统磁盘，则即使被拿到另一台计算机也无法启动，除非已解除锁定。

另外，因为移动磁盘（如 U 盘）容易丢失、遭窃，因此为了避免磁盘内的数据轻易外泄，Windows Server 2012 可通过 BitLocker to Go 功能来将移动磁盘加密。

2．任务目标

（1）熟悉 BitLocker 的硬件需求。
（2）学会 BitLocker 驱动器加密操作。

3．任务实施

（1）BitLocker 硬件需求。Windows Server 2012 计算机内至少需要两个磁盘分区才可使用 BitLocker。

其中，一个分区是用来安装 Windows Server 2012 操作系统的 NTFS 磁盘分区（一般是 C 盘），可以选择是否要将此磁盘加密；

另一个分区是用来启动计算机的磁盘分区（容量至少需要 350MB），它必须被设置为活动的（Active），而且它不可以被加密。如果计算机配备的是传统 BIOS，则此磁盘分区必须为 NTFS。

当在一台新计算机上安装 Windows Server 2012 时，安装程序就会自动创建 BitLocker 所需的两个磁盘分区。

对于操作系统磁盘而言，BitLocker 通过以下方式来提供保护功能。

① 可信任平台模块：TPM（Trusted Platform Module）是一个芯片，如果计算机内拥有此芯片，则 BitLocker 可将解密密钥存储到此芯片内，计算机启动时会到此芯片内读取解密密钥，并利用它解锁磁盘与启动操作系统。此计算机必须配备符合 TC 规范的传统 BIOS 或 UEFI BIOS，并且必须启用 TPM 功能。

② USB 设备：不支持 TPM 的计算机可以使用 USB 设备（如 U 盘），它会将解密密钥存储到 USB 设备内，每次启动计算机时都必须将 USB 设备插到 USB 插槽上。请确认 BIOS 设置已经启用对 USB 设备的支持。

③ 密码：用户在计算机启动时必须输入设置的密码进行解锁。

对于固定硬盘或可移动磁盘来说，BitLocker 可以通过如下方法来提供保护。

① 密码：当用户要访问该数据磁盘时，必须输入密码来解锁。

② 智能卡：当用户要访问该数据磁盘时，需要插入智能卡、输入 PIN 才能解锁。

③ 自动解锁：对于固定数据磁盘来说，只要操作系统磁盘有 BitLocker 加密保护，就可以自动将此数据磁盘解锁。以后系统启动时，此数据磁盘就会自动解锁。而针对可移动数据磁盘来说（操作系统磁盘不需 BitLocker 加密保护），在先使用密码或智能卡解锁后，可以设置为以后自动解锁。

注意：加、解密操作将会增加系统负担，系统效率会比启用 BitLocker 前差。NTFS 与 ReFS

都支持 BitLocker。

（2）Bitocker 加密操作。以下实例将介绍对操作系统磁盘进行加密，并且采用密码进行解锁的方式。在安装 Windows Server 2012 时，安装程序会自动建立两个磁盘分区（以使用传统 BIOS 的计算机为例），其中一个被设置为用来启动计算机（图 3-12 所示界面中标识为"系统保留"的磁盘分区）、另一个用来安装 Windows Server 2012（图 3-12 所示界面中的 C 盘），此环境可以用来支持 BitLocker 功能。

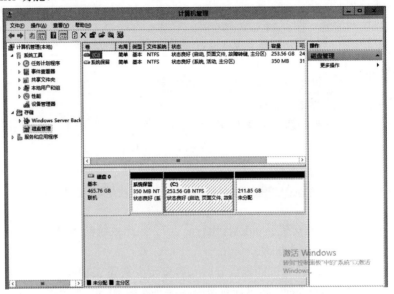

图 3-12　计算机管理界面

① 安装 BitLocker 驱动器加密。安装 BitLocker 驱动加密的方法：单击左下角的服务器管理器图标，单击仪表板处的"添加角色和功能"超链接，在打开的对话框中连续四次单击"下一步"按钮，直到进入如图 3-13 所示的"选择功能"界面，勾选"BitLocker 驱动器加密（已安装）"复选框，进入"添加功能"界面，单击"添加功能"按钮，并在单击"下一步"按钮后，单击"安装"按钮，完成安装后重新启动计算机。

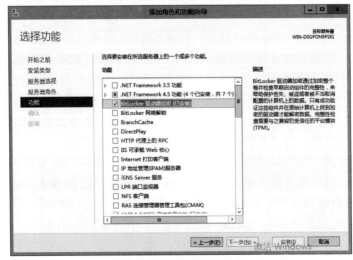

图 3-13　添加角色和功能向导界面

　　注意：在域环境下，如果客户端计算机的操作系统磁盘被 BitLocker 保护，并且其 BIOS 为新版 UEFI（包含 DHCP 驱动程序）、配备 TPM1.2（或新版）+PIN，则当此计算机启动时，可以通过一台安装 Windows 部署服务的服务器提供的密钥来远程解锁此客户端计算机。这台 Windows 部署服务器必须安装图 3-13 所示的 BitLocker 网络解锁功能，并且安装适当的证书。

　　② 允许在无 TPM 环境下使用 BitLocker。以操作系统磁盘而言，系统默认只支持 TPM 方式的 BitLocker，如果要支持其他方式（如 U 盘、密码），按 Windows+R 组合键运行 gpedit.msc，依次选择"计算机配置"→"管理模板"→"Windows 组件"→"BitLocker 驱动器加密"选项，单击"操作系统驱动器"按钮，并双击右方的"启动时需要附加身份验证"选项，在"启动时需要附加身份验证"界面中选中"已启用"单选按钮，并单击"确定"按钮，如图 3-14 所示。

图 3-14　启动时需要附加身份验证界面

　　③ 启用 BitLocker 驱动器加密。打开"控制面板"（查看方式设置为"类别"），单击"系统和安全"按钮，在"系统和安全"界面中单击"BitLocker 驱动器加密"按钮，在"BitLocker 驱动器加密"界面中单击"启用 BitLocker"按钮，如图 3-15 所示。

　　注意：如果要将固定硬盘或可移动磁盘（如 U 盘）加密，请通过图 3-15 中的固定数据驱动器或可移动数据驱动器——BitLocker To Go 启用 BitLocker 进行设置。

图 3-15　BitLocker 驱动加密界面

　　计算机重启后，在进入的界面中单击"下一步"按钮，在对话框中选择"输入密码"选项，如图 3-16 所示。

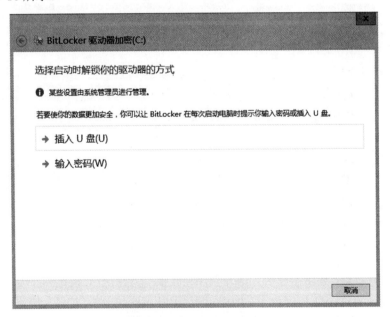

图 3-16　选择"输入密码"选项

　　输入密码后单击"下一步"按钮，密码必须符合复杂性要求，如图 3-17 所示，可选择将恢复密钥保存到 U 盘、保存到文件或打印恢复密钥。此处选择保存到文件。

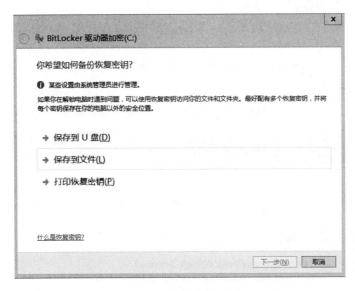

图 3-17　备份密钥界面

注意：启用 BitLocker 后，使用 TPM 的计算机启动时如果启动环境发生更改，例如，BIOS 被更新、磁盘有误、其他启动组件有更新或磁盘被拿到另一台计算机上启动等，BitLocker 不会将操作系统解锁，因此无法启动 Windows Server 2012。此时，用户可以利用恢复密钥将磁盘解锁并启动系统，因此必须在首次启用 BitLocker 时创建恢复密钥，否则以后可能会有磁盘无法读取的风险。

虽然使用 U 盘来存储解锁密钥的计算机不会检查启动环境是否发生更改，但是还是需要创建恢复密钥，以免 U 盘发生故障或丢失。如果要将密钥存储到 U 盘，建议用另一个 U 盘，不要使用存储解锁密钥的同一个 U 盘，以免此 U 盘丢失时，解锁密钥与恢复密钥同时丢失。

在进入的界面中，如图 3-18 所示。在界面中选择恢复密钥的存储位置后依次单击"保存"、"是"和"下一步"按钮。

图 3-18　恢复密钥界面

注意： 不可以保存到 Windows Server 2012 操作系统盘内，不可以保存到固定数据盘的根文件夹内。

在如图 3-19 所示对话框中选择默认选项即可。单击"下一步"按钮，在进入的界面中单击"继续"按钮，按照系统提示，重新启动计算机，按照启动提示输入解锁密码并登录，可以从任务栏中的图标上得知 BitLocker 开始对操作系统磁盘进行加密了，这将花费比较长的时间。

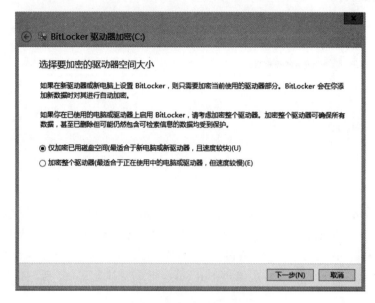

图 3-19　选择驱动器加密界面

以后每次启动计算机时，都必须输入解锁密码，如图 3-20 所示，才可以启动 Windows Server 2012。如果忘记了密码，则可以通过输入恢复密钥来解锁，否则无法启动 Windows Server 2012，也无法访问该磁盘内的文件。

图 3-20　BitLocker 加密后访问磁盘界面

④ 挂起与关闭 BitLocker。如果需要更新计算机的硬件、BIOS 或操作系统，应先挂起BitLocker，以免因为启动环境变化而影响到 Windows Server 2012 的启动。挂起后，下次重新启动计算机时就不需要输入密码。不过，计算机启动完成后，BitLocker 会自动重新启用。挂起 BitLocker 的方法如图 3-21 所示。单击"挂起保护"按钮，随后在进入的界面中单击"是"按钮，完成挂起操作。

图 3-21　挂起 BitLocker 的操作

挂起后，可以随时重新启用 BitLocker，此时由于磁盘仍然保持为加密状态，因此重新启用 BitLocker 时，不需要再经过长时间的加密过程。重新启用 BitLocker 的方法如图 3-22 所示，单击"恢复保护"按钮即可。

图 3-22　重新启用 BitLocker 的操作

如果要将磁盘解密、不再使用 BitLocker 功能，则可以通过关闭 BitLocker 的方式进行设置，如图 3-23 所示，单击"关闭 BitLocker"按钮即可。如果以后要重新使用 BitLocker，就需要创建新的解锁密钥并重新保存恢复密钥，而且要花费很长的时间重新加密磁盘。

⑤ 碎片整理与检查磁盘错误。磁盘使用一段时间后，存储在磁盘内的文件可能会零零散散地分布在磁盘内，从而影响到磁盘的访问效率，在进行磁盘整理时，系统会将磁盘内的文件读出，然后重新写入到连续空间内，这样就可以提高访问效率。碎片整理的步骤：返回桌

面，单击"这台电脑"图标，在任意磁盘上右击，选择"属性"选项，在打开的对话框中选择"工具"选项卡，并单击"优化"按钮，如图 3-24 所示，单击要优化的磁盘，可以通过"分析"按钮来了解该磁盘分散的程度，必要时可以通过"优化"按钮来整理磁盘。

图 3-23　关闭 BitLocker 的操作

图 3-24　优化驱动器界面

　　注意：由于固态硬盘（SSD）特性与一般传统硬盘不同，因此建议不要整理固态硬盘，否则数据访问将会集中在某些区域，反而会影响该区域的使用寿命。

　　此外，还可以定期检查与修复磁盘的错误，其方法为在"工具"选项卡中单击"检查"按钮，进入如图 3-25 所示界面，然后通过"扫描并修复驱动器"功能来检查和修复磁盘的错误。

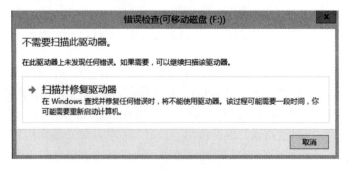

图 3-25　错误检查界面

⑥ 磁盘配额。可以通过磁盘配额功能来限制用户在 NTFS 磁盘内的存储空间，也可以追踪每个用户的 NTFS 磁盘空间使用情况。通过磁盘配额的限制，可以避免用户不小心将大量文件复制到服务器的硬盘内。

磁盘配额具有如下的特性。

● 磁盘配额针对单一用户来控制与追踪。

● 仅 NTFS 磁盘支持磁盘配额，ReFS、ExFAT、FAT32 与 FAT 磁盘均不支持。

● 磁盘配额是以文件与文件夹的所有权来计算的。在一个磁盘内，只要文件或文件夹的所有权属于用户，则其占用的磁盘空间都会被计算到该用户的配额内。

● 磁盘配额的计算不考虑文件压缩因素。虽然磁盘内的文件与文件夹可以被压缩，但是磁盘配额在计算用户的磁盘空间总使用量时，是以文件的原始大小来计算的。

● 每个磁盘的磁盘配额是独立计算的，无论这些磁盘是否在同一块硬盘内。例如，如果第一个硬盘被分割为 C 与 D 两个磁盘，则用户在磁盘 C 与 D 中分别可以有不同的磁盘配额。

系统管理员并不会受磁盘配额的限制。

必须具备系统管理员权限，才可以设置磁盘配额：返回桌面，单击"这台电脑"图标，选中驱动器并右击，随后选择"属性"选项，选择"配额"选项卡，勾选"启用配额管理"复选框，并单击"应用"按钮，如图 3-26 所示。

注意：拒绝将磁盘空间给超过配额限制的用户——如果用户在此磁盘使用的磁盘空间已超过配额限制，则将无法将新数据存储到此磁盘内。

如果未勾选此复选框，用户将仍然可以继续将新数据存储到此磁盘内。此功能可用来追踪、监视用户的磁盘空间使用情况，但是不会限制其磁盘使用空间。

为该卷上的新用户选择默认配额限制：用来设置新用户的磁盘配额，如图 3-26 所示。

● 不限制磁盘使用：用户在此磁盘的可用空间不受限制。

● 将磁盘空间限制为：限制用户在此磁盘的可用空间。磁盘配额未启用前就已经在此磁盘中存储数据的用户，不会受到此处的限制，但可以另外针对这些用户设置配额。

图 3-26　磁盘配额属性界面

● 将警告等级设为：可以让系统管理员查看用户使用的磁盘空间是否已超过此处的警告值。

选择该卷的配额记录选项：用来设置当用户超过配额限制或警告等级时，将这些事项记录到系统记录内，以供查看（返回到桌面，单击"管理工具"图标，双击"事件查看器"节点，在进入的界面中展开"Windows 日志"节点，单击"系统"节点，在窗口中单击来源为

NTFS 的事件，查看其详细信息），如图 3-27 所示。

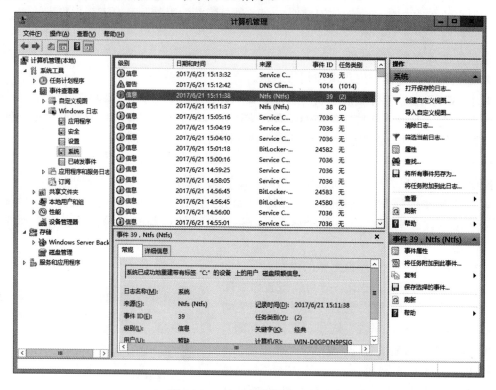

图 3-27　NTFS 的事件显示界面

在"配额"选项卡中，单击"配额项"按钮，进入如图 3-28 所示界面。可以通过该操作来监视每个用户的磁盘配额使用情况，也可以通过它来单独设置每个用户的磁盘配额。

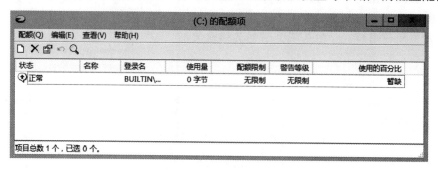

图 3-28　C 盘配额项界面

如果要更改其中任何一个用户的磁盘配额设置，只要在如图 3-28 所示界面中双击该用户，然后通过如图 3-29 所示的界面来更改其磁盘的配额即可。

如果要针对未出现在如图 3-28 所示列表中的用户来单独设置其磁盘配额，可通过以下方法进行设置：在图 3-28 中，选择"配额"→"新建配额项"选项即可，进入如图 3-30 所示界面。

图 3-29　配额设置界面

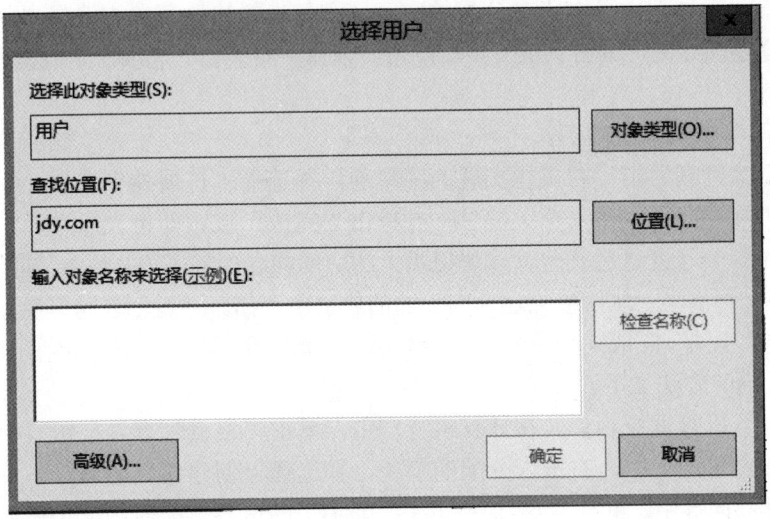

图 3-30　新建配额项

（1）ReFS 保持对一部分广泛采用的 NTFS 功能的兼容性，同时放弃其他价值有限，但会大幅增加系统复杂性和占用率的功能。

ReFS 的关键功能如下。

① 带有校验和元数据完整性。

② 提供可选用户数据完整性的完整性流。

③ 通过写入时分配事务模型实现可靠的磁盘更新（也称为写入时复制）。

④ 支持超大规模的卷、文件和目录。

⑤ 存储池和虚拟化使得文件系统可建立并易于管理。

⑥ 通过数据条带化提高性能（带宽可管理），并通过备份提高容错性。

⑦ 通过磁盘扫描防止潜在的磁盘错误。

⑧ 借助"数据打捞"功能实现损坏还原，以便在任何情况下尽可能地提高卷的可用性。

⑨ 跨计算机共享存储池，以提供额外的容错性和负载平衡。

此外，ReFS 还从 NTFS 集成了某些功能和语义，包括 BitLocker 加密、用于安全的访问控制列表、USN 日志、更改通知、符号链接、交接点、装入点、重解析点、卷快照、文件 ID 和操作锁。

（2）Windows Server 2012 提供动态磁盘管理，可以实现一些基本磁盘不具备的功能，可以有效地利用磁盘空间和提高磁盘性能。创建可跨区磁盘的卷和容错能力的卷的步骤如下所示。

① 简单卷。简单卷是在单独的动态磁盘中的一个卷，它与基本磁盘的分区较相似。但是它没有空间的限制以及数量的限制。当简单卷的空间不够用时，也可以通过扩展卷来扩充其空间，而这丝毫不会影响其中的数据。

a．创建简单卷的方法如下。

● 打开计算机管理控制台。在计算机管理中，单击"磁盘管理"按钮。

● 在"磁盘管理"中，右击未分配的空间，在弹出的快捷菜单中选择"创建卷"按钮。

● 在创建卷向导中，单击"下一步"按钮，选择"简单卷"选项，并根据屏幕提示输入相关信息。

b．扩展简单卷的方法如下。

● 在"磁盘管理"中，右击想扩展的简单卷，并选择"扩展卷"选项。

● 根据扩展卷向导，输入相关信息，并单击"完成"按钮即可。

② 跨区卷。一个跨区卷是包含多块磁盘上的空间的卷（最多 32 块），向跨区卷中存储数据信息的顺序是存满第一块磁盘再逐渐向后面的磁盘中存储。通过创建跨区卷，可以将多块物理磁盘中的空余空间分配成同一个卷，充分利用了资源。但是跨区卷并不能提高性能或容错。

创建跨区卷的方法如下。

● 打开计算机管理控制台。在计算机管理中，单击"磁盘管理"按钮。

● 在"磁盘管理"中，右击未分配的空间，并选择"创建卷"选项。

● 在创建卷向导中，单击"下一步"按钮，选择"跨区卷"选项，并单击"下一步"按钮。

● 选择想使用的磁盘和输入想在每块磁盘中分配给该卷的空间，并单击"下一步"按钮，然后根据屏幕指示完成向导。

③ 带区卷。带区卷是由 2 个或多个磁盘中的空余空间组成的卷（最多 32 块磁盘），在向带区卷中写入数据时，数据被分割成 64KB 的数据块，然后同时向阵列中的每一块磁盘写入不同的数据块。这个过程显著提高了磁盘效率和性能，但是带区卷不提供容错性。

创建带区卷的方法如下。

● 打开计算机管理控制台。在计算机管理中，单击"磁盘管理"按钮。

● 在"磁盘管理"中，右击未分配的空间，并选择"创建卷"选项。

● 在创建卷向导中，单击"下一步"按钮，选择"带区卷"选项并单击"下一步"按钮。

● 选择想使用的磁盘和输入想在每块磁盘中分配给该卷的空间，并单击"下一步"按钮，然后根据屏幕指示完成向导。

④ 镜像卷。可以很简单地将镜像卷当作一个带有一份完全相同副本的简单卷，它至少需要两块磁盘，一块存储运作中的数据，另一块存储完全一样的那份副本，当一块磁盘失败时，另一块磁盘可以立即使用，避免了数据丢失。镜像卷提供了容错性，但是它不提供性能的优化。

创建镜像卷的方法如下。

● 确保计算机包含两块磁盘，而一块作为另一块的副本。

● 打开计算机管理控制台。在计算机管理中，单击"磁盘管理"按钮。

● 在"磁盘管理"中，右击未分配的空间，并选择"创建卷"选项。

● 在创建卷向导中，单击"下一步"按钮，选择"镜像卷"选项并单击"下一步"按钮。

选择想使用的两块磁盘和输入分配给该卷的空间，并单击"下一步"按钮，然后根据屏幕指示完成向导。

⑤ RAID-5 卷。所谓 RAID5 卷就是含有奇偶校验值的带区卷，Windows Server 2012 为卷集中的每个磁盘添加一个奇偶校验值，这样在确保了带区卷优越的性能同时，还提供了容错性。RAID-5 卷至少包含 3 块磁盘，最多 32 块，阵列中任意一块磁盘失败时，都可以由另两块磁盘中的信息做运算，并将失败的磁盘中的数据恢复。

创建 RAID5 卷的方法如下。

● 确保计算机包含 3 块或以上磁盘。

● 打开计算机管理控制台。在计算机管理中，单击"磁盘管理"按钮。

● 在"磁盘管理"中，右击未分配的空间，并选择"创建卷"选项。

● 在创建卷向导中，单击"下一步"按钮，选择"RAID5 卷"选项并单击"下一步"按钮。

● 选择想使用的三块磁盘并输入分配给该卷的空间大小，单击"下一步"按钮并根据屏幕指导完成向导。

复习思考题 3

请探索实现如下操作：

（1）如何将系统安装盘格式化为 ReFS，并测试安装操作系统？

（2）探索 Windows Server 2012 系统中，对已加密操作的文件，在同一分区或不同分区之间复制、移动操作时，会产生什么结果。

（3）探索如何将基本磁盘转换为动态磁盘。

（4）探索如何实现跨区卷的创建。

（5）探索如何实现镜像卷的创建。

（6）探索如何实现 RAID-5 卷的创建。

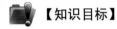

项目 **4**

防火墙设置

【知识目标】

- 识记：防火墙的概念。
- 领会：防火墙的作用与运用场合。

【技能目标】

- 学会 Windows Server 2012 高级安全出站与入站规则的设定操作。
- 学会使用 NetSh 对安全规则的增、删、改、查及对现有规则进行备份与恢复操作。

【工作岗位】

- 系统架构师、系统管理员、网络工程师等。

【教学重点】

- 防火墙的入站规则原理与增删改查及其配置方法。

【教学难点】

- NetSh 安全规则的增、删、改、查。

【教学资源】

- 微课视频。
- 教学课件。
- 授课教案。
- 试卷题库。

引言

随着互联网应用的普及和飞速发展,网络安全已经成为人们非常关注的一个问题,黑客攻击作为网络安全的主要隐患,时时刻刻在威胁着进行互联网应用的计算机系统的安全。防火墙作为防止黑客入侵的主要手段,已经成为网络安全建设的必选设备,在 Windows Server 2012 中,微软公司已经进一步调整了防火墙的功能,让防火墙更加便于用户使用,并且能够支持多种防火墙策略。JDY 公司的郑工程师为了提高公司各级操作系统的安全,防止公司内部发生非法访问等操作,需要对全体员工进行安全意识和安全操作培训,以加强 JDY 公司的网络与系统安全管理。

项目介绍

郑工程师为了加强 JDY 公司的网络与系统安全管理,防止公司内部发生非法访问等操作行为,针对 JDY 公司全体员工,制订了如下培训计划。

(1)认识 Windows Server 2012 系统防火墙。

(2)Windows Server 2012 防火墙配置。

任务 4.1 认识防火墙

1. 任务描述

由于公司越来越重视信息安全,郑工程师为了加强 JDY 公司内各个系统的安全,在公司内关键服务器上准备启用 Windows Server 2012 系统防火墙,以加强系统的安全管理,阻断内部程序向外发送数据,从而防止木马进驻用户系统并自由向外发送用户个人数据,同时拒绝外部程序向内发送数据,如 Ping 或共享链接请求,以防止攻击。

2. 任务目标

(1)熟悉防火墙的基本原理。

(2)学会 Windows Sever 2012 内置防火墙配置。

3. 任务实施

(1)防火墙技术。防火墙是建立在现代通信网络技术和信息安全技术基础上的应用性安全技术,并越来越多地应用于专用与公用网络的互连环境之中。

防火墙是不同网络或网络安全域之间信息的唯一出入口,能根据企业的要求实现控制(允许、拒绝、监测)出入网络的信息流,是提供信息安全服务,实现网络和信息安全的基础设施。在逻辑上,防火墙是一个隔离器、一个限制器,也是一个分析器,它有效地监控着内部网和因特网之间的任何活动,保证了内部网络的安全。图 4-1 所示为防火墙的工作方式示意图。

防火墙既可以是非常简单的过滤器，也可以是精心配置的网关，但它们的原理是一样的，都是监测并过滤所有内部网和外部网之间的信息交换。

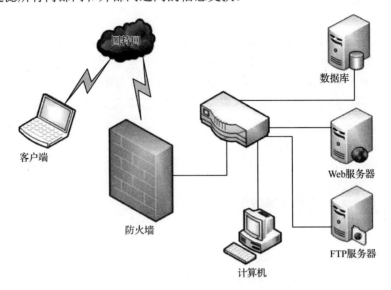

图 4-1　防火墙的工作方式

防火墙通常是运行在一台单独计算机之上的一款特别的服务软件，它可以识别并屏蔽非法的请求，保护内部网络敏感的数据不被偷窃和破坏，并记录内外通信的有关状态信息日志，如通信发生的时间和进行的操作等。

防火墙的基本准则：一切未被允许的就是禁止的；一切未被禁止的就是允许的。

（2）Windows Server 2012 防火墙。Windows Server 2012 为连接到因特网上的小型网络提供了增强的防火墙安全保护。默认情况下，会启用 Windows 防火墙，以便帮助用户保护所有因特网和网络连接。用户还可以下载并安装自己选择的防火墙。Windows Server 2012 防火墙将限制从其他计算机发送来的信息，使用户可以更好地控制自己计算机上的数据，并针对那些未经邀请而尝试连接的用户或程序提供安全控制。

用户可以将防火墙视为一道屏障，它检查来自因特网或网络的信息，然后根据防火墙设置，拒绝信息或允许信息到达计算机，如图 4-2 所示。

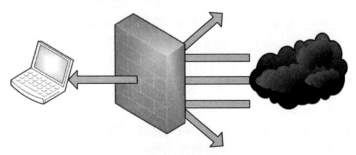

图 4-2　Windows 防火墙工作方式

当因特网或网络上的某人尝试连接到计算机时，我们将这种尝试称为"未经请求的请求"。当收到"未经请求的请求"时，Windows Server 2012 防火墙会阻止该连接。如果运行的程序

（如即时消息程序或多人网络游戏）需要从因特网或网络接收信息，那么防火墙会询问阻止连接还是取消阻止（允许）连接。

如果选择取消阻止连接，Windows Server 2012 防火墙将创建一个"例外"，这样当该程序日后需要接收信息时，防火墙就会允许信息到达计算机。虽然可以为特定因特网连接和网络连接关闭 Windows Server 2012 防火墙，但这样做会增加计算机受到威胁的风险。

Windows 防火墙有三种设置："开"、"开并且无例外"和"关"。

① "开"：Windows 防火墙在默认情况下处于打开状态，而且通常应当保留此设置不变。选择此设置时，Windows 防火墙阻止所有未经请求的连接，但不包括那些对"例外"选项卡中选中的程序或服务发出的请求。

② "开并且无例外"：当勾选"不允许例外"复选框时，Windows 防火墙会阻止所有未经请求的连接，包括那些对"例外"选项卡中选中的程序或服务发出的请求。当需要为计算机提供最大程度的保护时（例如，当连接到旅馆或机场中的公用网络时，或者当危险的病毒或蠕虫正在因特网上扩散时），可以使用该设置。

但是，不必始终勾选"不允许例外"复选框，其原因在于，如果该复选框始终处于选中状态，某些程序可能会无法正常工作，并且文件和打印机共享、远程协助和远程桌面、网络设备发现、"例外"列表上预配置的程序和服务以及已添加到"例外"列表中的其他项等服务会被禁止接受未经请求的请求。

如果勾选"不允许例外"复选框，则仍然可以收发电子邮件、使用即时消息程序或查看大多数网页。

③ "关"：此设置将关闭 Windows 防火墙。选择此设置时，计算机更容易受到未知入侵者或因特网病毒的侵害。此设置只应由高级用户用于计算机管理，或者在计算机有其他防火墙保护的情况下使用。

在计算机加入域时创建的设置与计算机没有加入域时创建的设置是分开存储的。这些单独的设置组称为"配置文件"。

任务 4.2　Windows Server 2012 防火墙配置

微视频 4-2　Windows Server 2012 防火墙配置

1. 任务描述

JDY 商务公司在安装完服务器之后，现在需要通过防火墙来监测、限制、更改跨越防火墙的数据流，尽可能地对外部屏蔽网络内部的信息、结构和运行状况，以此来实现网络的安全保护。本任务将对防火墙和 Windows Server 2012 系统防火墙进行配置分析探讨。

2. 任务目标

（1）学会 Windows Sever 2012 防火墙的常规配置。

（2）学会 Windows Sever 2012 防火墙的例外配置。

（3）学会 Windows Sever 2012 防火墙的高级配置。

3. 任务实施

（1）依次选择"这台电脑"→"控制面板"→"系统和安全"→"Windows 防火墙"→"自定义设置"选项，即可打开 Windows 防火墙控制台，如图 4-3 所示。

图 4-3　Windows Server 2012 防火墙设置

（2）高级安全配置。返回"Windows 防火墙"主界面，然后单击"高级设置"按钮，单击左侧的"入站规则"图标，用户就可以看到服务器允许连接的程序以及端口规则的详细列表信息，如图 4-4 所示。

图 4-4　Windows Server 2012 防火墙入站规则

（3）选择"新建规则"选项，如图 4-5 所示，在弹出的列表中建立需要开放远程连接端口号（以 8080 为例），开放端口的具体操作如下。

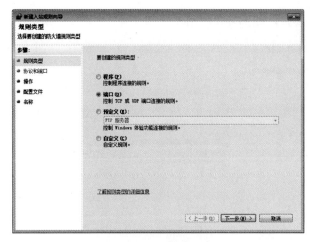

图 4-5　选择端口

● 选择 TCP 协议、设定特定端口为"8080"，如图 4-6 所示。

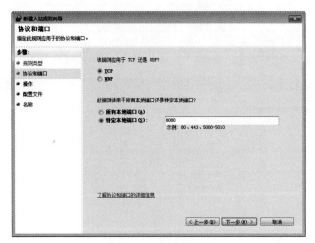

图 4-6　设置特定端口

● 设置允许连接，如图 4-7 所示。

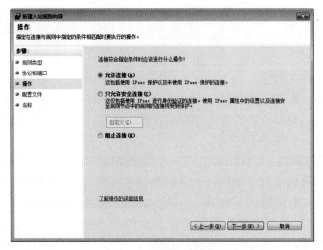

图 4-7　设置允许连接

● 设置应用规则场合，如图 4-8 所示。

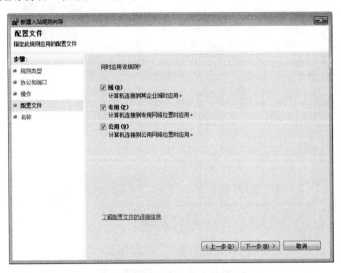

图 4-8　设置应用规则场合

● 填写规则名称与规则描述，单击"完成"按钮，如图 4-9 所示。

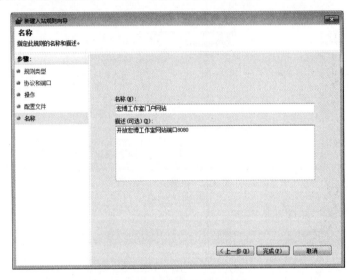

图 4-9　填写规则名称与规则描述

　　经过以上的设置，添加了开放端口号，服务器防火墙会自动放行，详细的信息可以选择设置的规则进行查看，例如，可以设置详细的计算机连接、作用域的 IP 连接以及协议和端口中选择的协议类型等，如图 4-10 所示。

　　（4）NetSh 配置防火墙（Advfirewall）。网络服务 Shell 是一个命令行脚本工具，可用于在本地计算机与远程计算机上对多种网络服务配置进行管理。NetSh 提供了单独的命令提示符，可以在交互模式或非交互模式下使用。具有高级安全性的 Windows 防火墙提供 NetSh Advfirewall 工具，可以使用它配置具有高级安全性的 Windows 防火墙设置。使用 NetSh Advfirewall 可以创建脚本，以便自动同时为 IPv4 和 IPv6 流量配置一组具有高级安全性的

Windows 防火墙设置。还可以使用 NetSh Advfirewall 命令显示具有高级安全性的 Windows 防火墙的配置和状态。配置步骤如下。

图 4-10　入站规则查看

① 打开 PowerShell，可以查看当前的所有规则。输入命令 "netsh advfirewall firewall show Rule name=all"，如图 4-11 所示。

图 4-11　查看当前所有规则

② 如果想替换另一套规则或想重新开始，则可以通过全部删除功能将规则设置为默认。输入命令 "netshadvfirewall reset"，如图 4-12 所示。

图 4-12　将规则设置为默认

Reset 命令重新设置防火墙策略到默认策略状态。使用这个命令需要谨慎，一旦运行该命令，它将不再给用户确认的机会，直接恢复防火墙的策略。

一个基本的防火墙，在 Firewall 上下文命令中会看到四个重要的命令，分别如下。

● Add 命令可以增加入站和出站规则。

● Delete 命令可以删除一条规则。

● Set 命令可以为现有规则的属性设置新值。

● Show 命令可以显示一个指定的防火墙规则。

删除针对本地 8080 端口的所有入站规则的命令，如果没有相匹配的规则，则可以事先创建一条，如图 4-13 所示。

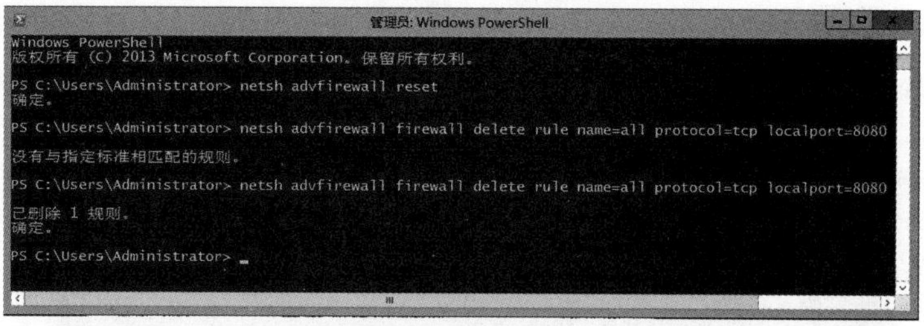

图 4-13　删除 8080 端口规则的命令

Export 命令可以导出防火墙当前的所有配置到一个文件中。如果对已经做出的配置不满意，则可以随时使用这个文件来恢复到修改前的状态，如图 4-14 所示。

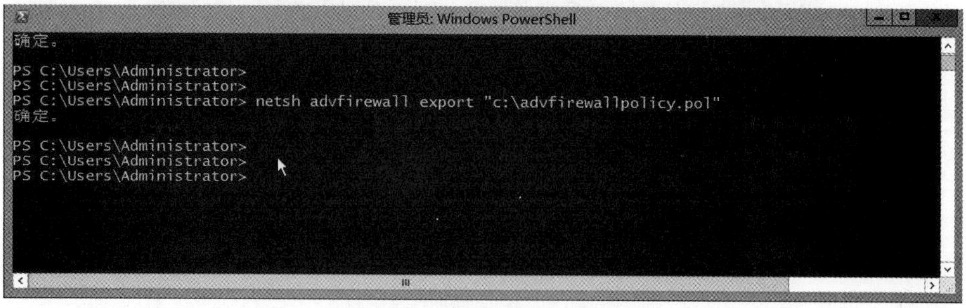

图 4-14　创建备份规则文件

Import 命令可以从一个文件中导入防火墙的配置。可以使用 Export 命令备份导出的配置文件，对防火墙配置进行恢复，如图 4-15 所示。

图 4-15 恢复备份规则文件

Windows Server 2012 对安全操作系统内核的固化与改造主要从以下几方面进行。

（1）取消危险的系统调用。

（2）限制命令的执行权限。

（3）取消 IP 的转发功能。

（4）检查每个分组的接口。

（5）采用随机连接序号。

（6）驻留分组过滤模块。

（7）取消动态路由功能。

（8）采用多个安全内核。

Windows Server 2012 防火墙的功能指标主要如下。

（1）协议支持。除支持 IP 协议之外，还支持 AppleTalk、DECnet、IPX 及 NETBEUI 等非 IP 协议。此外，还有建立 VPN 通道的协议、可以在 VPN 中使用的协议等。

（2）加密支持。VPN 中支持加密算法，例如，数据加密标准 DES、3DES、RC4 以及国内专用的加密算法等。此外，还有加密的其他用途，如身份认证、报文完整性认证、密钥分配等，以及是否提供硬件加密方法等。

（3）认证支持，指防火墙支持的身份认证协议，以及是否支持数字证书等。一般情况下具有一个或多个认证方案，如 RADIUS、Kerberos、TACACS/TACACS+、口令方式、数字证书等。防火墙能够为本地或远程用户提供经过认证与授权的对网络资源的访问，防火墙管理员必须决定客户以何种方式通过认证。

（4）访问控制。包过滤防火墙的过滤规则集由若干条规则组成，它应涵盖对所有出入防火墙的数据包的处理方法，对于没有明确定义的数据包，应该有默认处理方法；过滤规则应易于理解，易于编辑修改；同时应具备一致性检测机制，防止冲突。

（5）防御功能，如是否支持防病毒功能，是否支持信息内容过滤，能防御的 DoS 攻击类型；以及阻止 ActiveX、Java、Cookies、Javascript 侵入等。

（6）安全特性，如是否支持 ICMP（网间控制报文协议）代理，提供实时入侵告警功能，提供实时入侵响应功能，识别/记录/防止企图进行 IP 地址欺骗等。

请探索实现如下操作：

（1）如何使用入站规则添加一条配置策略，禁止 Bcdedit 程序启动？

（2）如何使用 NetSh 添加一条防火墙规则，允许 10000 端口通过？

（3）简述"永恒之蓝"比特币勒索病毒（WannaCry）的防范措施并实施。

（4）如何通过防火墙配置，阻止 QQ 访问网络？

（5）如何通过防火墙配置，允许微信访问网络？

证书服务器搭建

【知识目标】

- 识记：Windows 应用服务器的概念。
- 领会：Windows Web、FTP、DHCP 的作用与运用场合。

【技能目标】

- 学会 Web 服务器搭建操作。
- 学会 Windows Server 2012 FTP 服务器的搭建方法。
- 熟练掌握 Windows Server 2012 DHCP 服务器的搭建方法。

【工作岗位】

- 系统架构师、系统管理员、网络工程师等。

【教学重点】

- Windows Server 2012 各类服务器原理与其搭建及配置的方法。

【教学难点】

- Windows Server 2012 DHCP 服务器搭建与配置。

【教学资源】

- 微课视频。
- 教学课件。
- 授课教案。
- 试卷题库。

服务器证书（Server Certificates）是组成 Web 服务器的 SSL 安全功能的唯一数字标识。其通过相互信任的第三方组织获得，并为用户提供验证 Web 站点身份的手段。服务器证书包含详细的身份验证信息，如服务器内容附属的组织、颁发证书的组织以及称为公开密钥的唯一的身份验证文件。这意味着服务器证书确保用户关于 Web 服务器内容的验证，同时意味着建立的 HTTP 连接是安全的。

通过使用服务器证书可为不同站点提供身份鉴定并保证该站点拥有高强度加密安全。然而，并不是所有网站都需要添加服务器证书，但强烈建议只要是与用户、服务器进行交互连接操作，以及涉及密码、隐私等内容的网站页面，都申请服务器安全认证证书。

JDY 公司最近升级了财务系统，将所有财务业务系统都部署到一个专用的 Web 服务器上。为了保证财务数据传输的安全性，JDY 公司的郑工程师计划部署证书服务器来保护财务部门的专用 Web 服务器，并且给财务部员工分发数字证书来鉴别员工身份，并制订了如下实施计划。

（1）证书服务器的安装。

（2）架设安全 Web 站点。

（3）证书的管理。

任务 5.1 证书服务器安装

微视频 5-1 证书服务器安装

1. 任务描述

网络拓扑如图 5-1 所示，在 Windows Server 2012 平台下的组件中，安装配置证书（CA）服务器。在 Windows Server 2012 平台下的组件中，主要使用 Active Directory 证书服务来完成证书服务器的功能。

CA 服务器将是整个网络中证书验证、颁发、作废、吊销的管理机构，同时也是整个证书链信任体系中的核心组件。在本任务中，将通过在服务器上配置 Active Directory 证书服务来完成 CA 安装。

注意：安装 CA 服务器将会自动安装 Web 服务器（IIS），并添加证书注册 Web 站点到 IIS，为了避免冲突，如果服务器上已经安装了 IIS，在安装 CA 之前建议先将 IIS 组件删除。

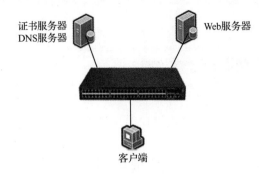

图 5-1   网络拓扑

2．任务目标

（1）熟悉 CA 服务器的作用。

（2）学会 Windows Sever 2012 内 CA 服务器的安装与配置。

3．任务实施

（1）打开"服务器管理器"窗口，选择"配置此本地服务器"选项，如图 5-2 所示。

图 5-2   配置此本地服务器

（2）单击"添加角色和功能"按钮，进入"添加角色和功能向导"界面，单击"下一步"按钮，选中"基于角色或基于功能的安装"单选按钮，如图 5-3 所示。

（3）单击"下一步"按钮，选择"从服务器池中选择服务器"选项，安装程序会自动检测与显示这台计算机采用静态 IP 地址设置的网络连接，单击"下一步"按钮，在"选择服务器角色"界面中，勾选"Active Directory 证书服务"复选框，如图 5-4 所示。

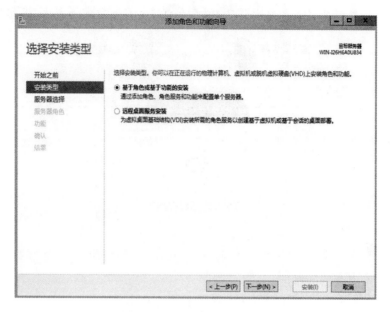

图 5-3　添加角色和功能向导

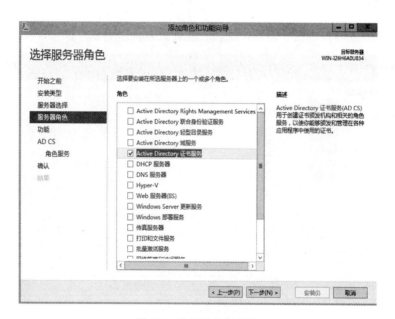

图 5-4　选择服务器角色

　　（4）勾选"Active Directory 证书服务"复选框，打开"添加 Active Directory 证书服务所需的功能"对话框，单击"添加功能"按钮，如图 5-5 所示。

　　（5）单击"下一步"按钮，在此处选择需要添加的功能，如无特殊需求，此处选择默认选项即可，如图 5-6 所示。

　　（6）单击"下一步"按钮，为 Active Directory 证书服务选择要安装的角色服务，勾选证书服务器所需要的两个基本角色服务——"证书颁发机构"、"证书颁发机构 Web 注册"，单击"下一步"按钮，单击"安装"按钮，如图 5-7 所示。

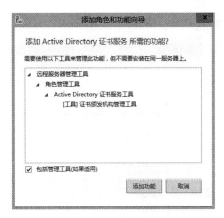

图 5-5 选择添加功能

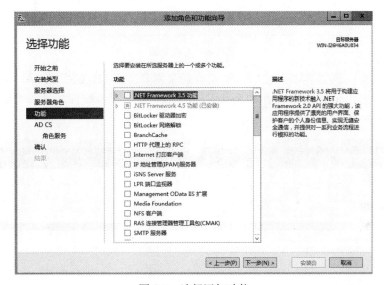

图 5-6 选择添加功能

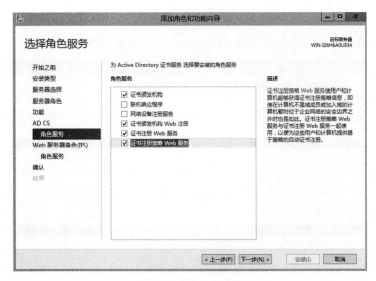

图 5-7 选择添加角色

（7）单击"关闭"按钮完成安装，如图 5-8 所示。

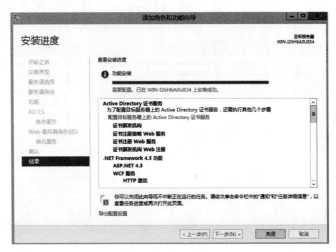

图 5-8　完成安装

（8）打开"服务器管理器"窗口，可以看到左侧多了"AD CS"图标，如图 5-9 所示。但是服务器管理器提示需要完成更多 Active Directory 证书服务配置，单击"更多"按钮继续配置。

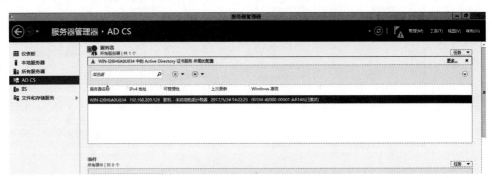

图 5-9　AD CS 配置

（9）单击配置目标服务器上的 Active Directory 证书服务超链接继续配置，如图 5-10 所示。

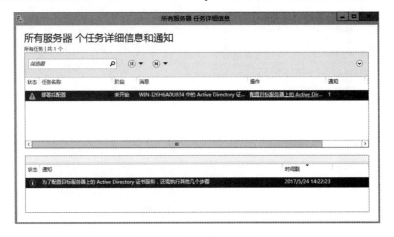

图 5-10　任务详细信息

（10）配置 AD CS 的指定凭据，如无特殊需求，此处默认即可，如图 5-11 所示。

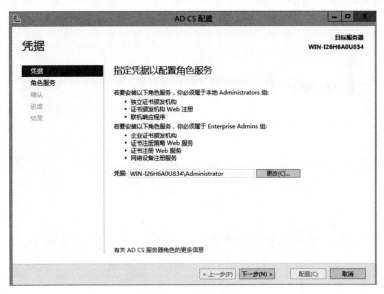

图 5-11 指定凭据

（11）指定 CA 的设置类型。选择企业 CA，需要在企业内部署活动目录环境；如果只在工作组环境下使用，则选择独立 CA 即可。此处选择独立 CA，如图 5-12 所示。

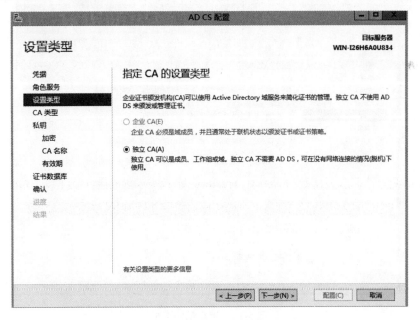

图 5-12 指定 CA 的设置类型

（12）指定 CA 类型。如果是企业内部的第一台 CA，那么选择根 CA；如果企业内部已有根 CA，新建某二级部门的 CA 需要与之连接信任关系，那么选择从属 CA。此处选择根 CA，如图 5-13 所示。

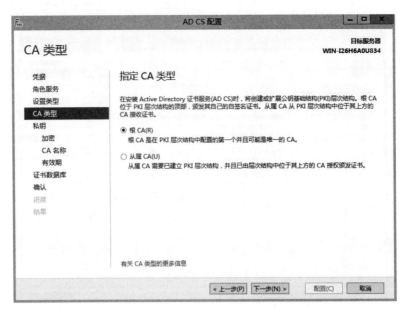

图 5-13　指定 CA 类型

（13）指定私钥类型。选择新建私钥或者使用已有私钥，如无特殊要求，此处默认即可，如图 5-14 所示。

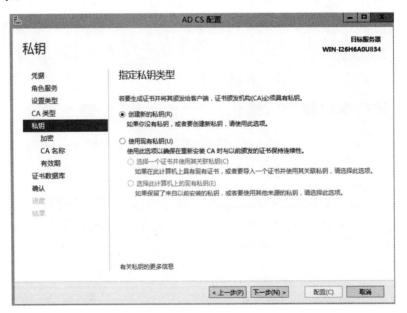

图 5-14　指定私钥类型

（14）指定加密选项，配置证书加密、签名算法。如无特殊要求，此处默认即可，如图 5-15 所示。

（15）指定 CA 名称，配置 CA 服务器的名称，此处选择默认名称，如图 5-16 所示。

（16）指定此 CA 颁发证书的有效期，此处选择默认的"5"年，如图 5-17 所示。

图 5-15   指定加密选项

图 5-16   指定 CA 名称

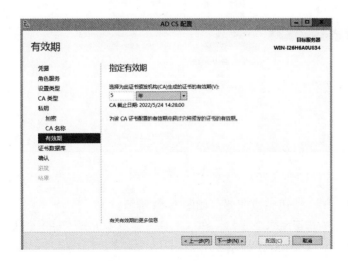

图 5-17   指定证书的有效期

（17）指定此 CA 证书数据库的存放位置和证书数据库日志的存放位置，此处选择默认路径，如图 5-18 所示。

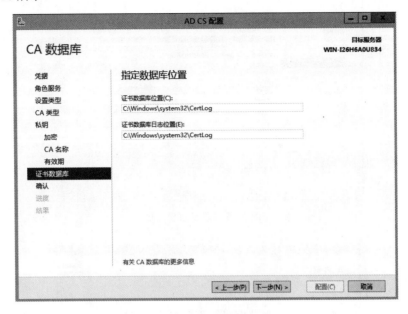

图 5-18　指定数据库位置

（18）单击"配置"按钮，开始配置刚才设置的参数，如图 5-19 所示。

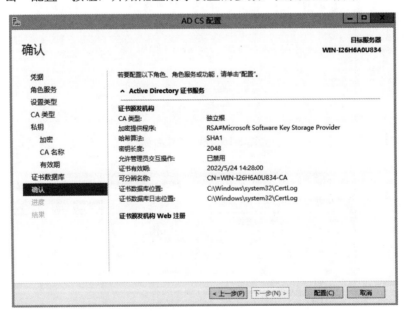

图 5-19　配置参数

（19）单击"关闭"按钮完成配置，如图 5-20 所示。

（20）打开"服务器管理器"窗口，在"工具"菜单中选择"证书颁发机构"选项，打开证书颁发机构控制台，如图 5-21 所示。

图 5-20　完成配置

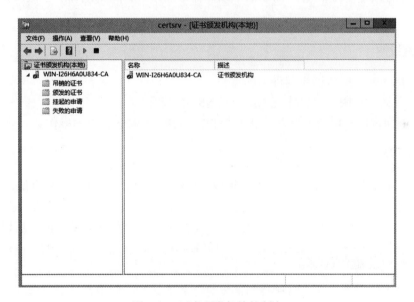

图 5-21　证书颁发机构控制台

任务 5.2　架设安全的 Web 站点

微视频 5-2　架设安全的站点

1. 任务描述

在一些安全性要求较高的场景下，如网上银行、在线支付，这些 Web 站点及其访问者都需要采用某种方式来保护对 Web 站点的访问，站点管理者希望能够对访问客户端进行身份验证，所有数据传输不可抵赖，访问者希望与这些 Web 站点传输的数据具有机密性，防篡改，同时能够鉴别合法的 Web 站点与仿冒站点（钓鱼网站）。在 HTTP 中，由于所有数据都采用明文传输，而且 HTTP 连接是无状态的，所以 HTTP 已经无法满足加密、身份验证等需求了。此时应使用基于 SSL 的 HTTPS 来保护 Web 站点和客户端之间的安全性。

如果需要客户端能够鉴别所访问的网站是否合法，则 Web 服务器需要向某可信 CA 申请服务器证书并安装，还需在 Web 服务器 IIS 中打开 Web 站点的 HTTPS 功能，借助 HTTPS 与带有 CA 签名的服务器证书来证明自己的合法站点身份。

如果 Web 站点需要验证访问客户端的身份是授权的合法用户，除了上述步骤外，还需要客户端向某可信 CA 申请客户端访问证书并安装，客户端在访问安全 Web 站点时，选择自己的客户端证书，服务器验证通过后才可继续访问 Web 站点。

这里需要部署一个包含主页面（finance.html）的财务网站，将网站文件夹存放到已经安装了 IIS 的 Windows Server 2012 服务器上的硬盘中（D:\jdyfinance.com），然后开始配置此安全 Web 站点。

2. 任务目标

（1）熟悉为 Web 服务器申请证书的流程。
（2）掌握为 Web 服务器绑定证书并启用 SSL 的操作。
（3）掌握为客户端申请证书并验证 HTTPS 访问安全 Web 站点的操作。

3. 任务实施

（1）为 Web 服务器申请证书。如果需要客户端鉴别所访问的网站是否合法，则 Web 服务器需要向可信 CA 申请服务器证书并安装绑定到 Web 站点，客户端计算机同该可信 CA 建立信任关系后，由于 Web 站点的服务器证书是由可信 CA 数字签名并验证的，所以客户端与服务器之间建立起了信任证书链关系，即客户端将认为该 Web 站点是可信的。本任务具体实施过程如下。

① 打开 IIS 管理器，在本地服务器的主页导航中找到"服务器证书"选项，双击即可打开，如图 5-22 所示。

② 单击右侧的"创建证书申请"超链接，如图 5-23 所示。

③ 填写证书申请的详细信息，注意这里的通用名称一定要与需要保护的 Web 站点名称一致，即"www.jdyfinance.com"，如图 5-24 所示。

④ 选择"加密服务提供程序属性"选项，即选择加密算法和密钥长度。此处如无特殊要求，默认即可，如图 5-25 所示。

⑤ 选择将申请证书信息以文本文件形式保存到本地，此处保存在桌面的"jdyfinance.txt"文件中，如图 5-26 所示。

图 5-22　IIS 管理器

图 5-23　服务器证书

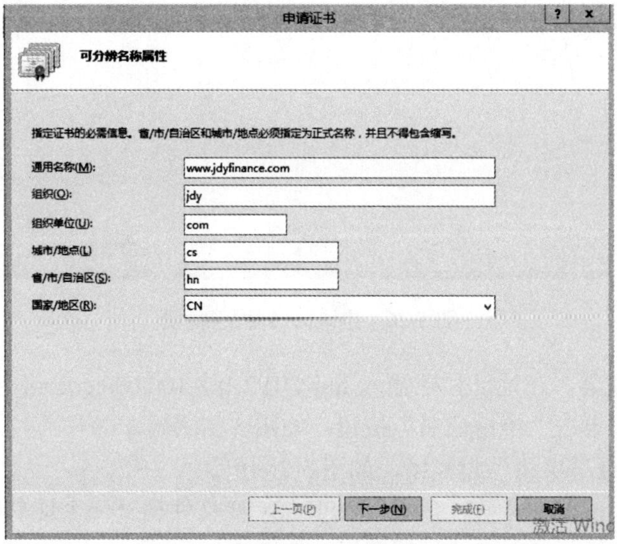

图 5-24　申请证书

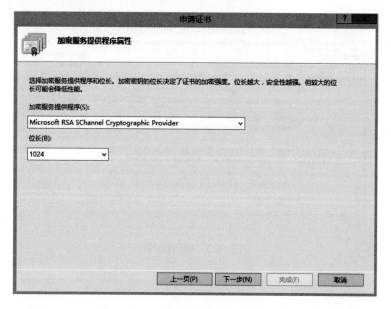

图 5-25　选择加密服务提供程序属性

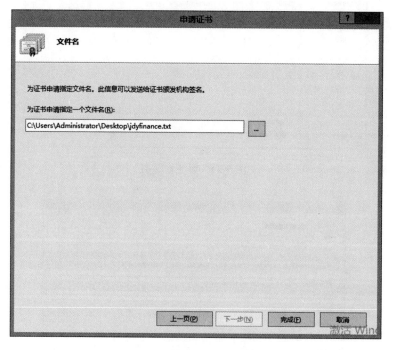

图 5-26　申请证书保存到本地

⑥ 打开 IE 浏览器，在地址栏中输入 http://192.168.100.60/certsrv，打开企业内网 CA 服务器在线申请网站。单击"申请证书"按钮，如图 5-27 所示。

⑦ 单击"高级证书申请"超链接，如图 5-28 所示。

⑧ 单击"使用 base64 编码的 CMC 或 PKCS#10 文件提交一个证书申请，或使用 base64 编码的 PKCS#7 文件续订证书申请"超链接，如图 5-29 所示。

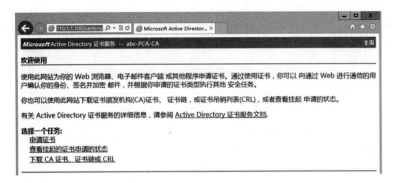

图 5-27　申请证书保存到本地

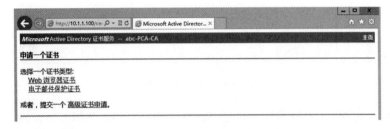

图 5-28　证书申请

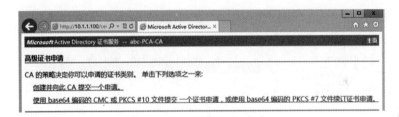

图 5-29　高级证书申请

⑨ 打开刚刚保存在桌面上的"jdyfinance.txt"文件，将其中的内容全部复制到文本框内，然后单击"提交"按钮，如图 5-30 所示。

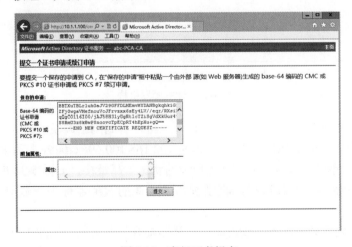

图 5-30　高级证书提交

⑩ 提交完成后，网站会提示证书申请正处于"挂起"状态，如图 5-31 所示。

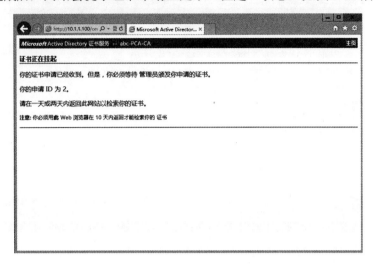

图 5-31 完成证书申请

⑪ 打开刚刚安装了 CA 服务器的"证书颁发机构"工具，选择左侧窗格中的"挂起的申请"选项，可以看到刚刚提交的高级证书申请，右击，在弹出的快捷菜单中选择"颁发"选项，如图 5-32 所示。

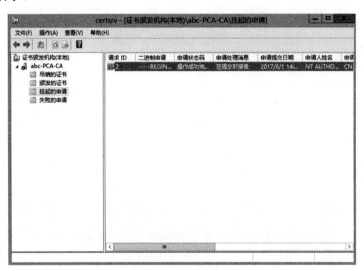

图 5-32 证书颁发机构

⑫ 选择左侧窗格中的"颁发的证书"选项，可以看到刚刚颁发的证书，如图 5-33 所示。

⑬ 打开 IE 浏览器，在地址栏中输入 http://192.168.100.60/certsrv，打开企业内网 CA 服务器在线申请网站，单击"查看挂起的证书申请的状态"超链接，如图 5-34 所示。

⑭ 单击"下载证书"超链接，将刚刚通过申请的服务器证书下载到本地进行保存，如图 5-35 所示。

⑮ 在本地找到下载的证书，双击即可打开并查看证书信息，如图 5-36 所示。

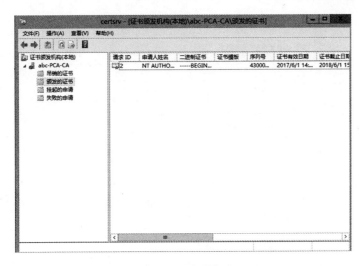

图 5-33　颁发的证书

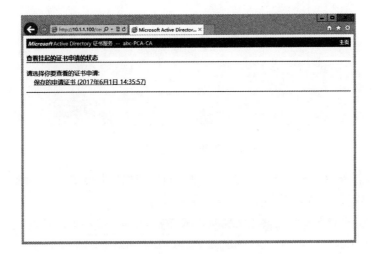

图 5-34　查看证书申请状态

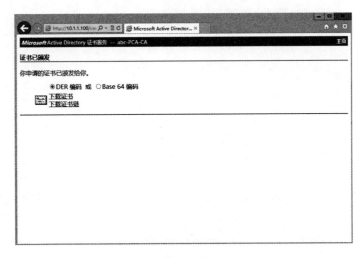

图 5-35　下载证书

图 5-36　查看证书

⑯ 打开 IIS 管理器，在本地服务器的主页导航中找到"服务器证书"选项，双击打开后，单击右侧的"完成证书申请"超链接，如图 5-37 所示。

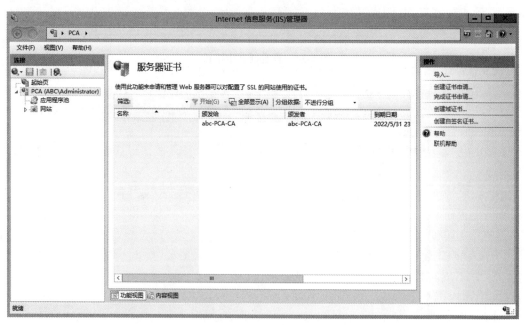

图 5-37　完成证书申请

⑰ 选择证书存放位置，"好记名称"中的名称要与服务器申请时的通用名称一致，即"www.jdyfinance.com"，选择证书存储为"个人"，单击"确定"按钮，服务器证书申请完成，如图 5-38 所示。

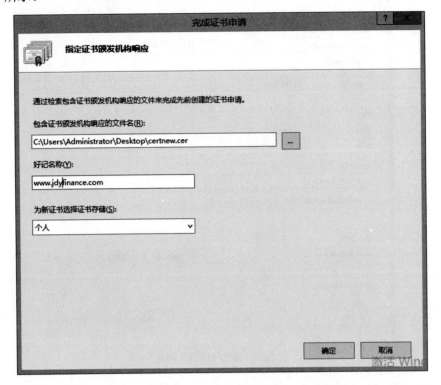

图 5-38　完成证书申请

（2）服务器证书申请完成并安装后，Web 服务器上还需要将客户端访问 Web 站点的方式由 HTTP 升级到 HTTPS，方法是开启 SSL 连接，把服务器证书同安全 Web 站点关联起来。具体实施过程如下。

① 打开 IIS 管理器，在"网站"选项上右击，将预先做好的网站"jdyfinance.com"添加进来，配置绑定类型为"https"，端口为"443"，IP 地址为服务器 IP 地址"192.168.100.60"，主机名为"www.jdyfinance.com"，SSL 证书为已添加的服务器证书，名称为"www.jdyfinance"，如图 5-39 所示。

② 在 IIS 中配置好网站的默认文档（首页文件），把网站"finance.html"添加进来，如图 5-40 所示。

③ 在 IIS 管理器中双击网站名，找到"SSL 设置"，勾选"要求 SSL"复选框，客户端证书设为"忽略"，如图 5-41 所示。配置完成后，将强制要求只能使用 HTTPS 访问网站，Web 服务器使用证书证明自身合法身份。

④ 同时，需要在 DNS 服务器上添加域名"www.jdyfinance.com"与 Web 服务器的正确映射记录，如图 5-42 所示。

⑤ 在客户端浏览器里，在地址栏中输入 http://www.jdyfinance.com，尝试打开安全 Web 网站，网站无法打开，因为在 IIS 的网站 SSL 配置中设置了"要求 SSL"，所以此时只能通过 HTTPS 来访问安全站点，如图 5-43 所示。

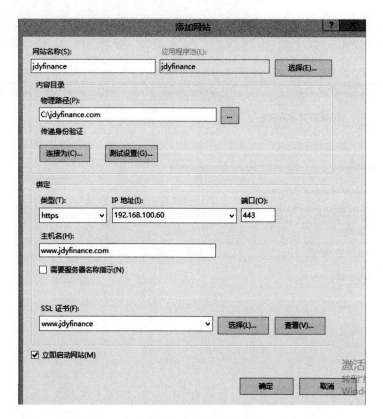

图 5-39　添加 HTTPS 网站

图 5-40　添加 HTTPS 网站的默认文档

图 5-41　SSL 设置

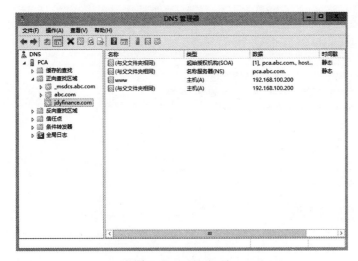

图 5-42　DNS 记录

图 5-43　访问安全站点

⑥ 在客户端浏览器里，在地址栏中输入 https://www.jdyfinance.com，弹出安全警报，单击"确定"按钮，如图 5-44 所示。

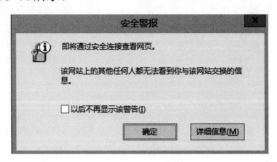

图 5-44　安全警报

由于客户端并未添加对颁发安全 Web 站点的 CA 的信任，所以浏览器提示 Web 站点的安全证书有问题，如图 5-45 所示。

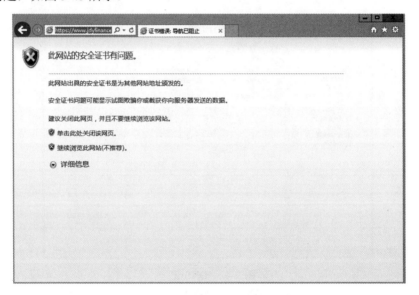

图 5-45　网站证书警报

⑦ 单击"继续浏览此网站"提示，可以看到尽管打开了 Web 站点，在地址栏中仍会弹出"证书错误"的安全提示，如图 5-46 所示。

双击证书错误安全提示，可以看到颁发 Web 服务器的证书的 CA 未被客户端所信任，如图 5-47 所示。

⑧ 为了解决"证书错误"的问题，需要在客户端导入 CA 服务器的根证书，实施的方法是打开 CA 服务器的申请证书 Web 站点，即 192.168.100.60/certsrv，单击"下载 CA 证书、证书链或 CRL"超链接，如图 5-48 所示。

下载 CA 证书链，将 CA 证书信任链保存到本地，如图 5-49 所示。

在浏览器中选择"工具"→"Internet 选项"选项，打开 Internet 的属性对话框，选择"内容"选项卡，单击"证书"，按钮，打开"证书"对话框，选择"受信任的根证书颁发机构"选项卡，导入刚刚下载的 CA 证书链，如图 5-50 和图 5-51 所示。

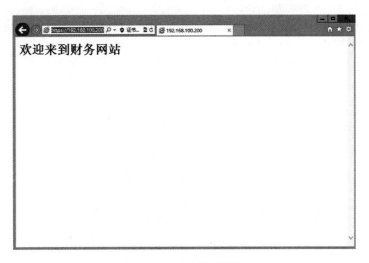

图 5-46　证书错误警报

图 5-47　查看 Web 服务器证书

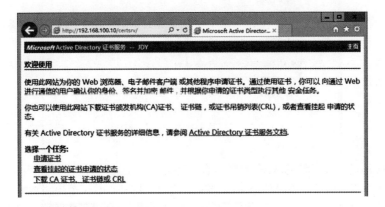

图 5-48　查看证书服务器

图 5-49　下载 CA 证书链

图 5-50　导入 CA 证书链 1

图 5-51　导入 CA 证书链 2

⑨ 导入完成后，在受信任的根证书颁发机构中能看到 CA 的根证书，再次访问安全 Web 站点，实现正常访问，如图 5-52 和图 5-53 所示。

图 5-52　查看 CA 根证书

图 5-53　正常访问站点

（3）为客户端申请证书，并验证 HTTPS 访问安全 Web 站点。

通过使用 Web 站点在 CA 申请的服务器证书，要求使用 SSL 连接来安全访问 Web 站点，客户端可以通过信任根 CA 来鉴别网站的安全性。那么 Web 服务器如何判断客户端是合法用户呢？其仍然可以通过使用 CA 认证服务器来对客户端身份进行验证，服务器强制要求每个访问者都提供有效的数字证书，如果没有可信 CA 颁发的数字证书，那么就被拒绝访问。因此，操作实施过程中，应先为客户端计算机向可信 CA 申请客户端证书，并在 Web 服务器上开启要求客户端证书，客户端在访问安全 Web 站点时能够提供数字证书，并且该证书是由 Web 服务器所信任的 CA 颁发的，则该 CA 的签名的客户端证书和服务器证书可以让服务器和客户端建立双向的信任关系，具体实施过程如下。

① 打开 IIS 管理器，双击需要配置的安全 Web 站点"jdyfinance"，找到 SSL 设置项，勾选"要求 SSL"复选框，客户证书设为"必需"，单击右侧的"应用"超链接，如图 5-54 所示。

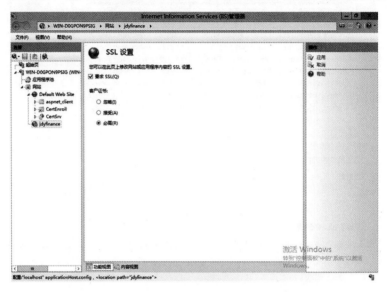

图 5-54　SSL 设置

② 此时在客户端打开安全 Web 站点，显示拒绝访问，原因是没有安装客户端证书，如图 5-55 所示。

图 5-55　证书错误

③ 在客户端打开证书注册网站"192.168.100.60/certsrv"，开始申请"Web 浏览器证书"，输入正确的信息后单击"提交"按钮，如图 5-56 和图 5-57 所示。

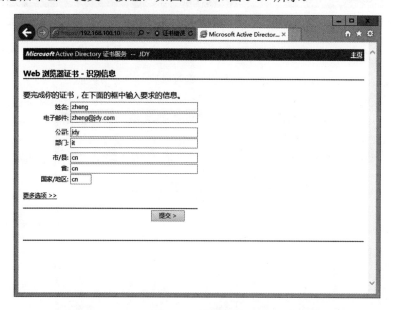

图 5-56　提交申请

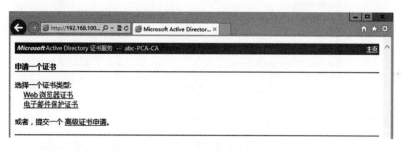

图 5-57　申请 Web 浏览器证书

④ 打开"证书颁发机构"工具，选择左侧窗格中的"挂起的申请"选项，可以看到刚刚提交的 Web 浏览器证书申请，右击证书申请，选择"颁发"选项。客户端浏览器打开证书注册网站"192.168.100.13/certsrv"，查看刚刚颁发的证书，单击"安装此证书"超链接下载安装，如图 5-58 和图 5-59 所示。安装完成后，客户端可以在浏览器的 Internet 属性对话框中选择"内容"选项卡，单击"证书"按钮，在"证书"对话框中的"个人"选项卡中查看 Web 浏览器证书，如图 5-60 所示。

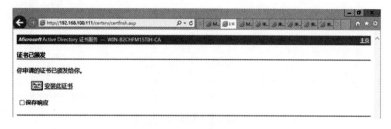

图 5-58　安装证书

图 5-59　安装成功

图 5-60　查看 Web 浏览器证书

⑤ 再次尝试访问安全 Web 站点，实现正常访问，如图 5-61 所示。

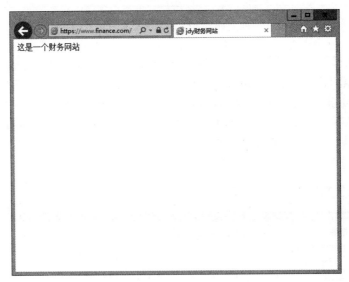

图 5-61　HTTPS 访问网站

任务 5.3　数字证书的管理

微视频 5-3　数字证书的管理

1．任务描述

使用数字证书可以很好地解决数据传输安全和身份验证问题。为了防止安装了数字证书的服务器或个人计算机因为操作系统故障而导致数字证书丢失，可以把数字证书导入并备份到其他安全的设备上，在系统故障恢复后将备份证书重新导入系统。这里将使用证书导出工具将本机安装的数字证书备份到其他安全的存储设备上。

在某些特殊情况下，如计算机由于被盗可能会导致证书私钥泄露，此时 CA 可以针对失效的证书做出吊销，将不安全的数字证书吊销并更新到证书吊销列表（CRL）中。下面将尝试吊销一个服务器数字证书，并通过 CRL 更新到客户端，客户端使用该数字证书访问安全 Web 站点时会判别为不安全。

由于 CA 是整个 PKI 体系中的核心组件，CA 存储了服务器证书、私钥、证书数据库等关键信息，需要及时备份这些信息，当灾难发生后可以还原已经备份的信息，以使 CA 快速恢复正常。这里尝试使用证书备份还原工具对 CA 进行备份和还原，用以应对可能的灾难风险。

2．任务目标

（1）学会证书的导入备份操作。

（2）学会 Windows Server 2012 内 CA 证书服务器的安装与配置。

3．任务实施

（1）证书的导入备份。下面将在管理控制台使用证书管理模块来对存储在本地的数字证书（包括公钥和私钥）进行导出备份和导入还原操作。

① 在 Windows Server 2012 中打开 Windows PowerShell，输入"mmc"并按回车键，如图 5-62 所示，系统将打开控制台。

图 5-62　Windows PowerShell

② 在控制台中选择"文件"→"添加或删除管理单元"选项，选中"证书"，单击"添加"按钮，如图 5-63 所示。

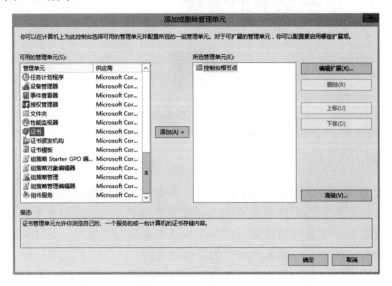

图 5-63 添加管理单元

③ 如果需要导出计算机服务器的数字证书，则应在打开的对话框中选择"计算机账户"，如果需要导出当前用户的数字证书，则应在打开的对话框中选中"我的用户账户"单选按钮，如果需要导出某项服务（如 Active Directory 服务器）的数字证书，则应在打开的对话框中选中"服务账户"单选按钮，如图 5-64 所示。

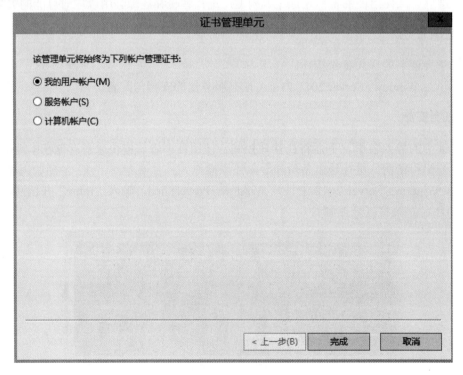

图 5-64 证书管理单元

④ 添加完成后，单击"确定"按钮，展开左侧窗格中的"证书"树形列表，单击"个人"文件下的"证书"子文件夹，如图 5-65 所示。

图 5-65　证书

⑤ 选择需要导出的数字证书，如颁发给"www.jdyfinance.com"的证书，选中后右击，选择"所有任务"→"导出"选项，按照弹出的证书导出向导进行配置，如图 5-66 所示。

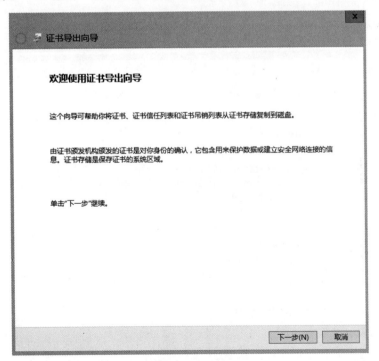

图 5-66　证书导出向导

⑥ 选择是否导出私钥，如果在选择数字证书时选择了"禁止私钥导出"，会导致"是，导出私钥"选项为灰色，无法选中，单击"下一步"按钮，如图 5-67 和图 5-68 所示。

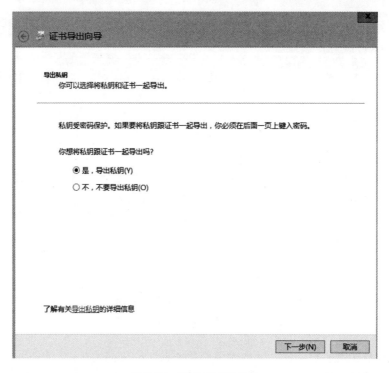

图 5-67　证书导出向导 1

图 5-68　证书导出向导 2

⑦ 为了保证数字证书的安全，需要为数字证书配置导出密码，如图 5-69 所示，此密码的作用是防止数字证书被未授权的用户盗用，单击"下一步"按钮，设置证书导出路径和名称，单击"下一步"按钮完成导出，如图 5-70 所示。

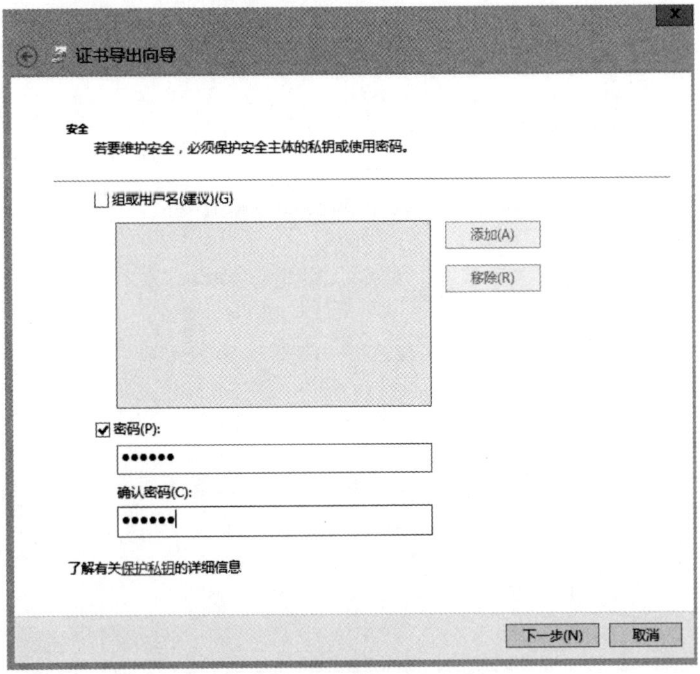

图 5-69　设置数字证书导出密码

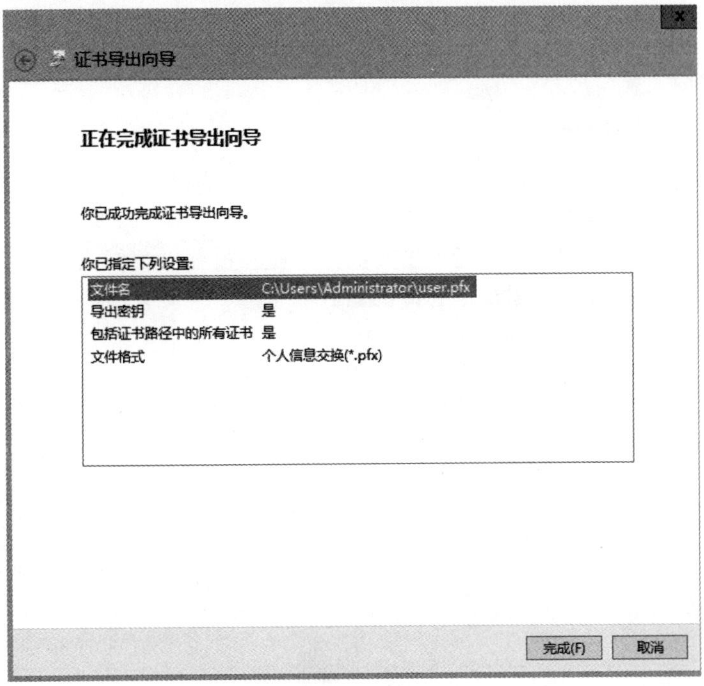

图 5-70　完成数字证书导出

⑧ 数字证书的导入：找到数字证书文件并双击，打开"证书导入向导"对话框，选择添加到当前用户的证书列表或者本地计算机的证书列表，单击"下一步"按钮，如图 5-71 和图 5-72 所示。

图 5-71　选择证书导入对象

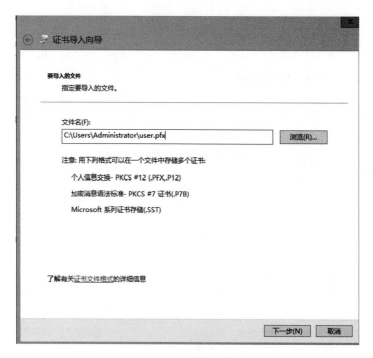

图 5-72　选择证书导入文件

⑨ 输入之前设置的证书保护密码，单击"下一步"按钮继续操作，最终完成证书导入，如图 5-73～图 5-75 所示。

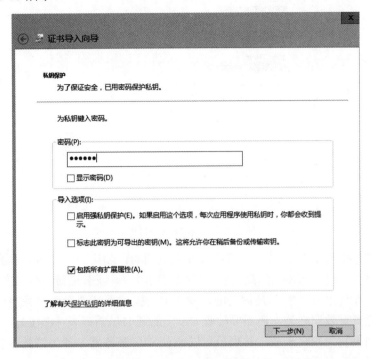

图 5- 73 输入证书导入密码

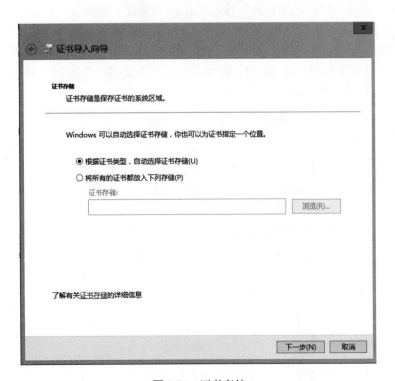

图 5-74 证书存储

图 5-75　完成数字证书导入

（2）证书的吊销与 CRL。数字证书是存在有效期的，超出有效期将会被视为无效证书。如果数字证书没有超出有效期，但是发生了诸如密钥泄露、证书更新这样的安全事件，CA 是否有办法提前作废证书呢？答案是肯定的，事实上，操作系统或者应用程序在检查证书是否有效时，除了检查有效期之外，还需要检查 CA 上的证书吊销列表（CRL），查看证书是否被提前吊销了。如果发生安全事故，管理员可以通过 CA 服务器主动吊销具有安全风险的数字证书，并将被吊销证书添加到 CRL 中。

查看任意数字证书的"详细信息"时可以看到"CRL 分发点"。

file://WIN-33KKRLFE29C/CerEnroll/WIN-33KKRLFE29C-CA.crl 就是证书吊销列表的 URL，用于其他程序来核查证书是否已被 CA 吊销。在 CA 服务器上可以配置 CRL 的 URL，如果 CA 服务器是部署在公网上面向 Internet 用户的，那么 CRL 的 URL 也应设置为公网用户能直接访问的基于 HTTP 的 URL，如图 5-76 所示。

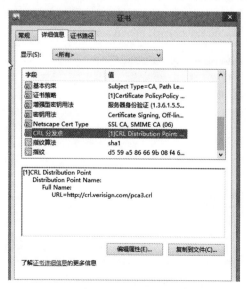

图 5-76　证书的"详细信息"选项卡

① 在服务器管理器中选择"工具"→"证书颁发中心"选项，在"颁发的证书"文件夹中选择需要被吊销的数字证书，如为"www.abcfinance.com"颁发的服务证书并右击，选择"所有任务"→"吊销证书"选项，选择证书吊销理由，如"密钥泄露"，单击"是"按钮，确认将此证书吊销，如图 5-77 所示。

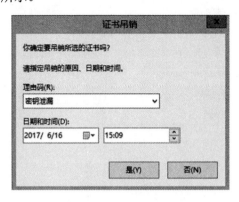

图 5-77　证书吊销

② 被吊销的证书将出现在证书颁发机构的"吊销的证书"文件夹内，如图 5-78 所示。安全风险解除后，可以在此证书上右击，选择"所有任务"→"解除吊销证书"选项，将证书恢复为有效（仅限于证书吊销的原因为"证书待定"）。

③ 需要注意的是，CRL 默认更新周期为 1 周，所以证书被吊销后，客户端不会马上察觉到。如果需要立即生效，则可以更新 CRL，选择"吊销的证书"选项并右击，选择"属性"选项，打开"吊销的证书属性"对话框，勾选"发布增量"复选框，单击"应用"按钮后，将马上发布 CRL 更新，如图 5-79 所示。

图 5-78　证书吊销

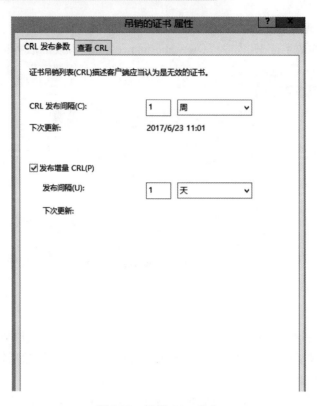

图 5-79　设置 CRL 发布

④ 此时通过浏览器访问安全 Web 站点"www.jdyfinance.com"，浏览器将提示"此网站安全证书有问题"信息，如图 5-80 所示。

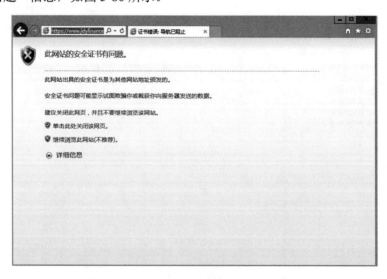

图 5-80　客户端访问证书失效的 Web 站点

⑤ 客户端可以通过 CRL 的 URL 来查看已被吊销证书的列表，如图 5-81 所示（注意：有的客户端程序不会实时检查 CRL，需要手工更新 CRL）。

图 5-81　查看证书吊销列表

（3）CA 的备份与还原。由于 CA 存储了服务器证书、私钥、证书数据库等关键信息，需要及时备份这些信息，当灾难发生后可以还原已经备份的信息，以使 CA 快速恢复正常。证书颁发机构提供了方便的 CA 备份还原方式，具体实施步骤如下。

① 在服务器管理器中，选择"工具"→"证书颁发中心"选项，选中需要备份的 CA 服务器并右击，选择"所有任务"→"备份 CA"选项，单击"下一步"按钮继续，如图 5-82 所示。

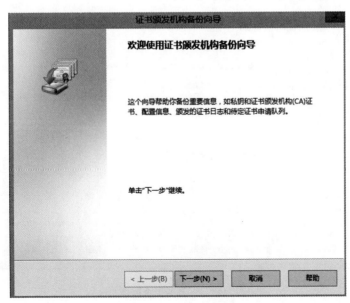

图 5-82　CA 备份向导

②　勾选需要备份的项目（增量备份需要在之前已备份的基础上使用）和备份文件存放路径，如图 5-83 所示。

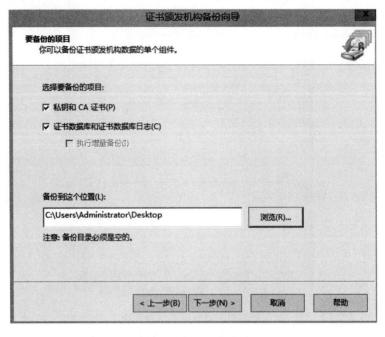

图 5-83　选择 CA 备份项目

③　为保护备份文件安全，应设置加密密码，之后单击"完成"按钮结束 CA 备份，如图 5-84 和图 5-85 所示。

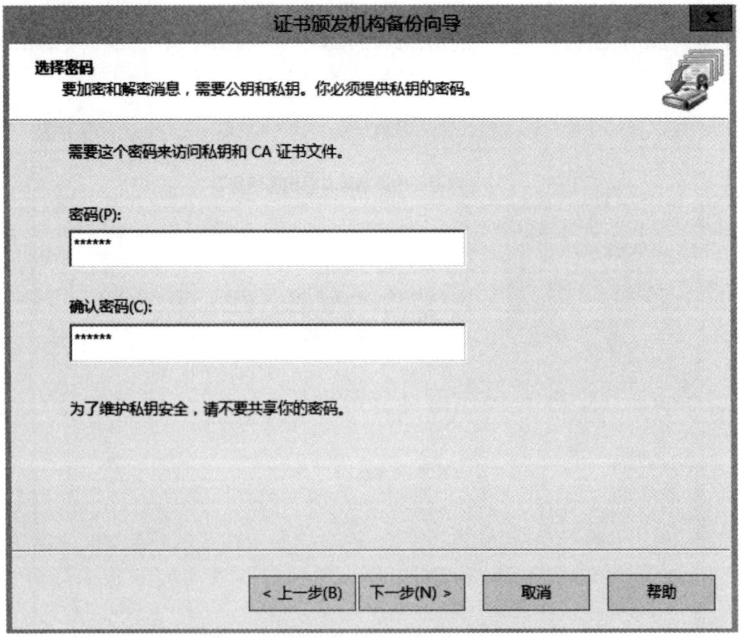

图 5-84　设置 CA 备份密码

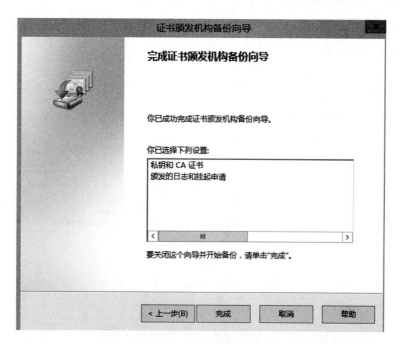

图 5-85 完成 CA 备份

④ CA 还原过程：在服务器管理器中选择"工具"→"证书颁发中心"选项，选中需要还原的 CA 服务器并右击，选择"所有任务"→"还原 CA"选项，单击"下一步"按钮继续（如果当前 CA 正在运行则会停止），如图 5-86 所示。

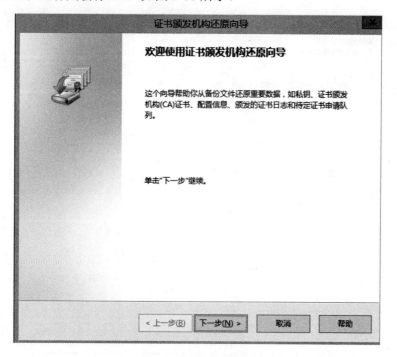

图 5-86 CA 还原向导

勾选需要还原的项目和备份文件存放路径，如图 5-87 所示。

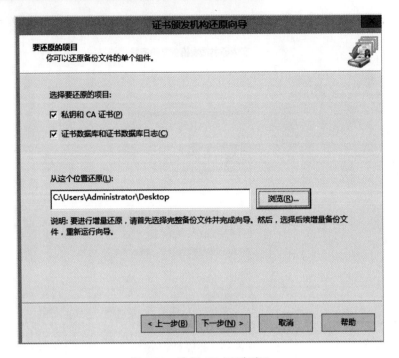

图 5-87　选择 CA 还原项目

　　⑤ 输入之前设置的还原密码，单击"完成"按钮，结束 CA 还原，如图 5-88 和图 5-89 所示。

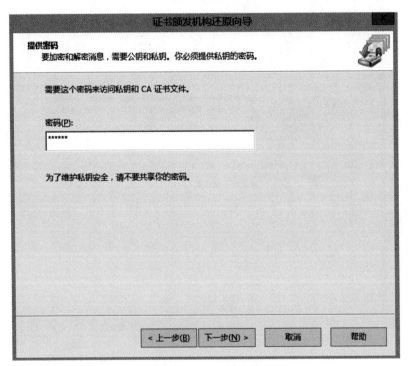

图 5-88　输入 CA 备份密码

图 5-89   完成 CA 还原

安全套接层（Secure Sockets Layer，SSL）是为网络通信提供安全及数据完整性的一种安全协议，被广泛地用于 Web 浏览器与服务器之间的身份认证和加密数据传输。SSL 协议建立在可靠的传输协议（TCP）之上，为高层协议提供数据封装、压缩、加密等基本功能的支持，并用于在实际的数据传输开始前，通信双方进行身份认证、协商加密算法、交换加密密钥等。

HTTPS 是以安全为目标的 HTTP 通道，简单地讲，它就是 HTTP 的安全版，即 HTTP 下加入 SSL 层，HTTPS 的安全基础是 SSL。HTTP 和 HTTPS 使用的是完全不同的连接方式，使用的端口也不一样，前者是 80，后者是 443。

请探索实现如下操作。

（1）JDY 公司在企业内网部署了 3 台 Windows Server 2012（IP 地址分别为 192.168.100.201/24；192.168.100.202/24 和 192.168.100.203/24），分别来做 DNS 服务器、Web 服务器、企业根 CA 服务器。出于安全考虑，财务部单独申请了一台 CA 服务器（IP 地址为 192.168.100.204/24）来做财务部子 CA，这台子 CA 服务器需要与企业根 CA 建立信任关系，财务部员工通过财务部子 CA 申请客户端浏览器证书，用于 HTTPS 访问 Web 服务器上的安全站点 "www.jdyfinance.com"，请按照上述需求做出合适的配置。

（2）假设 JDY 公司财务部门新招聘了一名员工（Tony），郑工程师为其创建了系统账户（Tony），现为了保证其能够正常访问公司财务网站（要求必须提供 SSL 访问），应如何为其进行相关证书的申请与配置操作？

（3）请探索如何在一台 Windows Server 2012 服务器上部署 DNS 服务，以实现www.jdy.com域名的解析，并测试验证。

搭建 VPN

【知识目标】

- 识记：虚拟专用网的概念和创建流程。
- 领会：虚拟专用网的作用。

【技能目标】

- 学会 VPN 相关服务的安装操作。
- 学会路由和远程访问服务的配置操作。
- 学会 VPN 访问账户的配置。
- 学会客户端访问 VPN 的测试方法。

【工作岗位】

- 系统运维工程师。
- 服务器架构师。

【教学重点】

- VPN 相关服务的安装。
- 路由和远程访问服务配置。
- VPN 访问账户的配置。

【教学难点】

- 路由和远程访问服务配置操作。
- VPN 访问账户的配置。

【教学资源】

- 微课视频。
- 教学课件。
- 授课教案。
- 试卷题库。

虚拟专用网络（Virtual Private Network，VPN）是一种虚拟出来的企业内部专用线路，这条隧道可以对数据进行加密，从而达到安全使用互联网的目的。此项技术已被广泛使用，虚拟专用网可以帮助远程用户、公司分支机构、商业伙伴及供应商与公司的内部网建立可信的安全连接。

JDY 公司发展迅速，公司合作商场和客户遍布全国，公司商务和技术人员经常出差，他们需要随时随地访问公司内部网络，JDY 公司的郑工程师为了保证他们和公司之间的安全数据传输，选择部署 VPN 服务，以满足业务需求，并制订了如下实施计划。

（1）VPN 相关服务的安装。

（2）配置路由和远程访问服务。

（3）配置 VPN 访问账户。

（4）客户端访问 VPN 测试。

任务 6.1　VPN 相关服务的安装

微视频 6-1　VPN 相关服务的安装

1．任务描述

按照任务需求，郑工程师需要在公司内网的某台 Windows Server 2012 服务器上安装双网卡，并做好部署 VPN 服务的相关准备工作，根据郑工程师的理解，为了部署 VPN 服务，需要在服务器上安装相关服务器组件。

2．任务目标

（1）学会角色和功能的添加操作。

（2）学会安装"Web 服务器（IIS）"的操作。

（3）学会安装"远程服务"的操作。

3．任务实施

（1）打开服务器管理器，添加角色和功能，如图 6-1 所示。

图 6-1　添加角色和功能

（2）打开"添加角色和功能向导"对话框，单击"下一步"按钮，选中"基于角色或基于功能的安装"单选按钮，如图 6-2 所示。

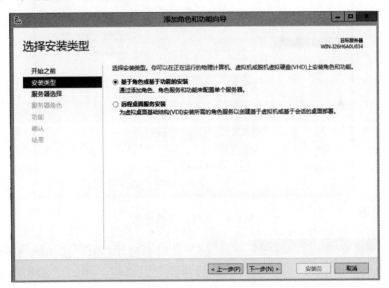

图 6-2　"添加角色和功能向导"对话框

（3）单击"下一步"按钮，选中"从服务器池中选择服务器"单选按钮，安装程序会自动检测与显示这台计算机采用静态 IP 地址设置的网络连接，如图 6-3 所示，单击"下一步"按钮。

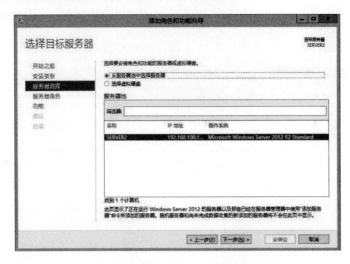

图 6-3　从服务器池中选择服务器

（4）在"选择服务器角色"界面中，勾选"网络策略和访问服务"复选框，如图 6-4 所示。

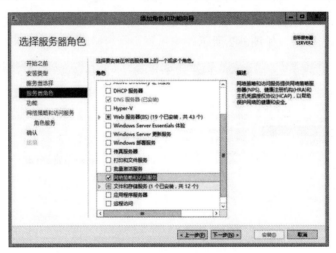

图 6-4　选择服务器角色

图 6-5　添加功能

（5）此时会自动打开"添加网络策略和访问服务所需的功能"对话框，单击"添加功能"按钮，如图 6-5 所示。

（6）单击"下一步"按钮继续，在此处选择需要添加的功能，如无特殊需求，此处默认即可，如图 6-6 所示。

（7）单击"下一步"按钮继续，显示网络策略和访问服务相关注意事项，如图 6-7 所示。

（8）单击"下一步"按钮继续，此处显示已经勾选了"网络策略服务器"复选框，如图 6-8 所示。

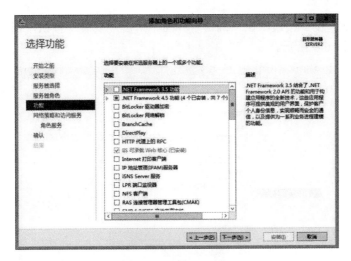

图 6-6　选择添加功能

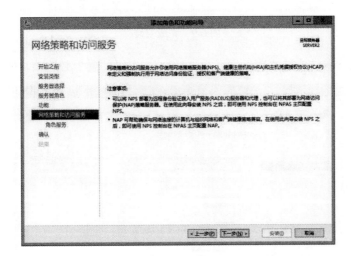

图 6-7　注意事项

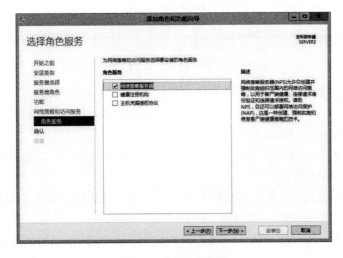

图 6-8　选择角色服务

（9）单击"下一步"按钮，在"确认"界面中单击"安装"按钮，在安装完成后，单击"关闭"按钮，如图 6-9 所示。

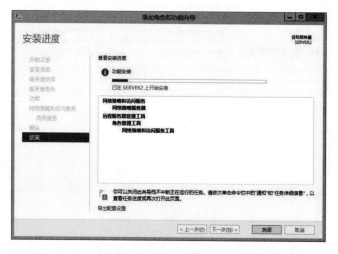

图 6-9　完成安装

（10）按照上述方法安装"Web 服务器（IIS）"，该组件属于必选项，如图 6-10 所示。

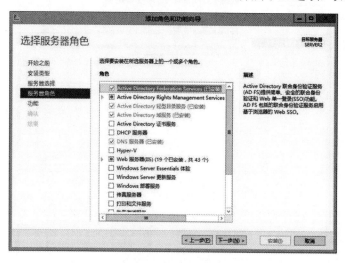

图 6-10　选择服务器角色

（11）选择在"Web 服务器"上安装的角色服务，如图 6-11 所示。

（12）单击"下一步"按钮，在"确认"界面中单击"安装"按钮，在安装完成后，单击"关闭"按钮，如图 6-12 所示。

（13）按照上述方法安装"远程服务"，在"选择服务器角色"对话框中，勾选"远程服务"复选框，如图 6-13 所示。

（14）此时会自动打开"添加远程服务所需的功能"对话框，单击"添加功能"按钮，如图 6-14 所示。

（15）单击"下一步"按钮继续，此处显示已经勾选了"DirectAccess 和 VPN（RAS）"复选框，如图 6-15 所示。

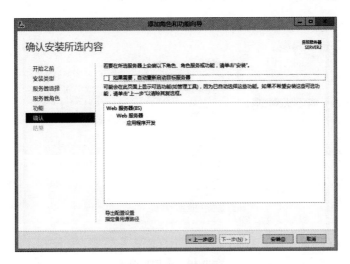

图 6-11　安装角色服务

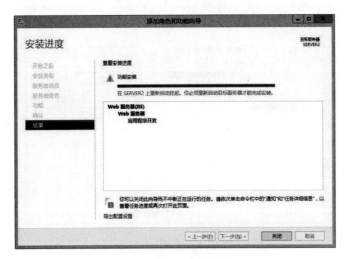

图 6-12　完成 Web 服务器的安装

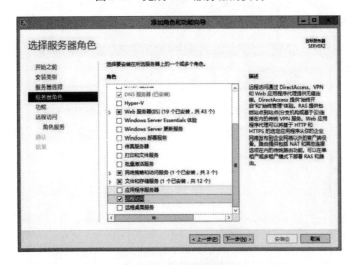

图 6-13　选择服务器角色

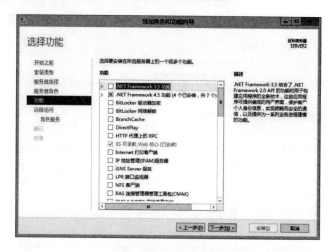

图 6-14　添加功能

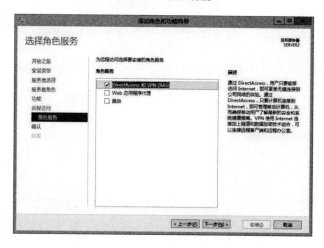

图 6-15　选择角色服务

（16）单击"下一步"按钮，在"确认"界面中单击"安装"按钮，在安装完成后，单击"关闭"按钮，如图 6-16 所示。

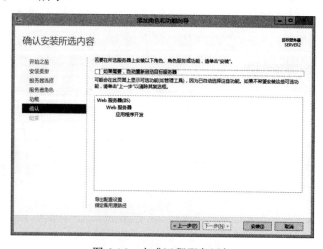

图 6-16　完成远程服务添加

任务 6.2　配置路由和远程访问服务

微视频 6-2　配置路由和远程访问服务

1．任务描述

在 Windows Server 2012 服务器上安装和部署相关服务后，郑工程师开始配置 VPN 核心的服务——路由和远程访问服务，并实现"数据的安全传输"。

2．任务目标

（1）熟悉 VPN 的配置类型。

（2）学会路由和远程访问服务配置的操作。

3．任务实施

（1）重启服务器后，服务器管理器中会有告警提示，单击此提示，单击"打开'开始向导'"超链接，如图 6-17 所示。

图 6-17　告警提示

（2）选择配置远程访问的类型，这里选择"仅部署 VPN"选项，如图 6-18 所示。

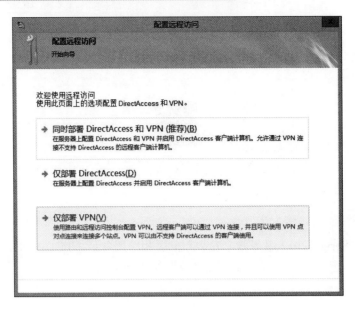

图 6-18　配置远程访问类型

（3）打开路由和远程访问控制台，由于还未配置，所以其处于红色状态，右击服务器名称，选择"配置并启用路由和远程访问"选项，如图 6-19 所示。

图 6-19　配置并启用路由和远程访问

（4）如图 6-20 所示，选中"自定义配置"单选按钮，并单击"下一步"按钮。

（5）在路由和远程访问服务器安装向导中，勾选所有复选框，如图 6-21 所示。

（6）单击"下一步"按钮，并配置完成，如图 6-22 所示。

（7）启动"路由和远程访问"服务，服务启动后，单击"完成"按钮，如图 6-23 所示。

（8）服务已经启动，相关选项展开，如图 6-24 所示。

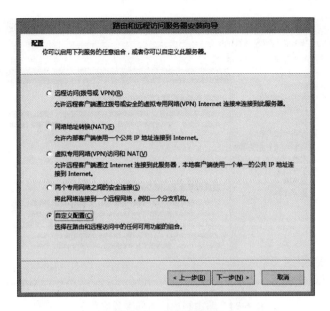

图 6-20　自定义配置

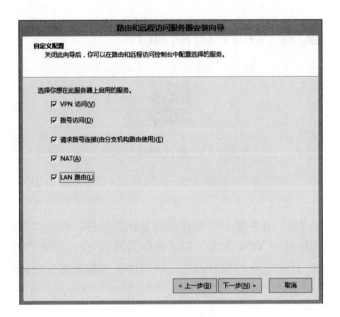

图 6-21　启用的服务

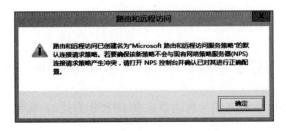

图 6-22　完成路由和远程访问配置

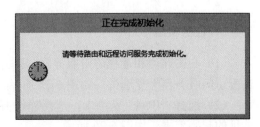

图 6-23　启动路由和远程访问服务

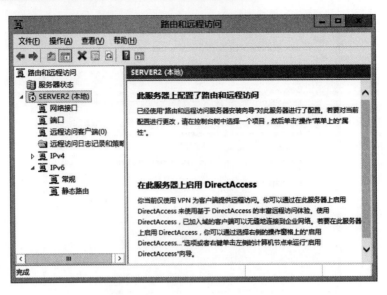

图 6-24　路由和远程访问服务启动完成

任务 6.3　配置 VPN 访问账户

微视频 6-3　配置 VPN 访问账户

1. 任务描述

在 Windows Server 2012 服务器上安装和部署好相关服务，以及"路由和远程访问服务"后，为了能够使用户远程使用 VPN 服务，郑工程师需要为 VPN 创建"访问账户"，指定远程访问者的诸如 IP 地址、登录用户名和密码等，从而保证"数据的安全传输"。

2. 任务目标

（1）学会 VPN 的 IP 地址配置方法。
（2）学会 VPN 用户的创建操作。

3. 任务实施

（1）右击路由和远程访问服务器，打开"属性"对话框，勾选"IPv4 路由器"和"IPv4 远程访问服务器"复选框，如图 6-25 所示。

（2）选择"IPv4"选项卡，选择静态 IP 地址池方式（也可以选择 DHCP 方式），输入 IP 地址的起始范围，如图 6-26 所示。

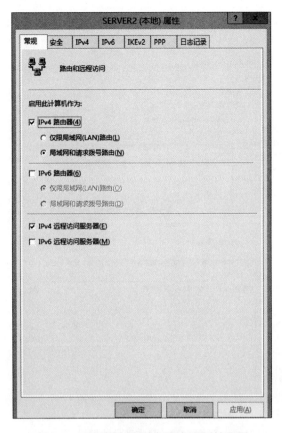

图 6-25   路由和远程访问服务器属性配置

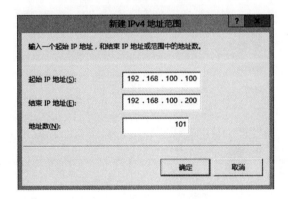

图 6-26   IPv4 地址池配置

（3）输入完毕后如图 6-27 所示。

（4）下面进行添加 VPN 访问账户的操作，打开服务器管理器，选择"工具"→"计算机管理"选项，右击选择的用户，在弹出的快捷菜单中选择"新用户……"选项，打开"新用户"对话框，在创建的新用户中输入用户名和密码，勾选"用户下次登录时须更改密码"复选框（也可根据需要进行设置），如图 6-28 所示。

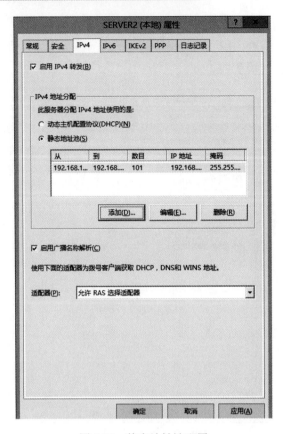

图 6-27　静态地址池配置

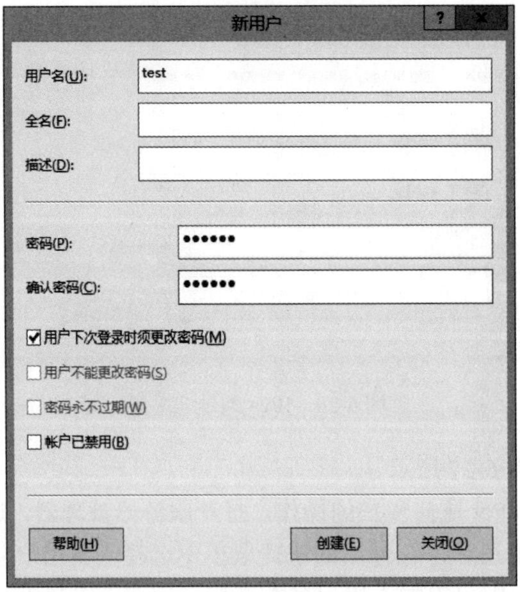

图 6-28　创建新用户

（5）单击"创建"按钮，完成用户的创建，选择刚添加的用户并右击，打开其属性对话框，如图 6-29 所示。

图 6-29   用户属性对话框

（6）在用户属性对话框中，选择"拨入"选项卡，如图 6-30 所示。

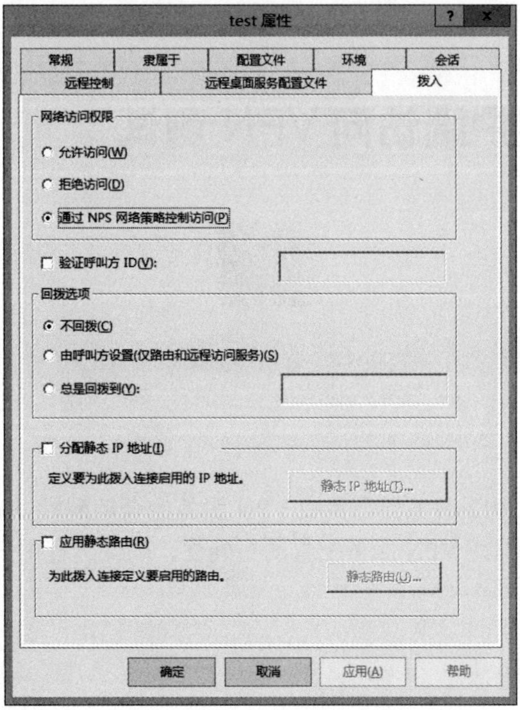

图 6-30   "拨入"选项卡

（7）勾选"允许访问"复选框，在静态 IP 地址处填写远程访问 IP 地址，并单击"确定"按钮，完成访问账户配置，如图 6-31 所示。

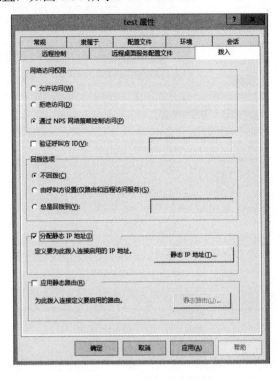

图 6-31 完成访问账户配置

任务 6.4 客户端访问 VPN 测试

微视频 6-4 客户端访问 VPN 测试

1．任务描述

在 Windows Server 2012 服务器上完成 VPN 服务的全部配置以后，郑工程师需要自己进行 VPN 的连接测试，以保证 VPN 服务配置的正确性，确保远程用户的"安全接入"。

2．任务目标

学会 VPN 远程测试方法。

3．任务实施

（1）打开控制面板，再打开"网络和共享中心"窗口，单击"设置新的连接或网络"超链接，如图 6-32 所示。

图 6-32　网络和共享中心

（2）在"设置连接或网络"对话框中，选择"连接到工作区"方式，并单击"下一步"按钮，如图 6-33 所示。

图 6-33　设置连接或网络

（3）选择"使用我的 Internet 连接（VPN）"方式，并单击"下一步"按钮，如图 6-34 所示。

（4）在"连接到工作区"界面中，输入 Internet 的 IP 地址（用户账户配置中相对应的 IP 地址），如图 6-35 所示，完成连接创建。

（5）在网络中新增了一个"VPN 连接"的网络类型，单击并连接到该网络，输入 VPN 访问账户及密码，如图 6-36 所示。

（6）单击"确定"按钮后，将会提示正在验证用户名和密码，验证通过后，显示连接成功，如图 6-37 所示。

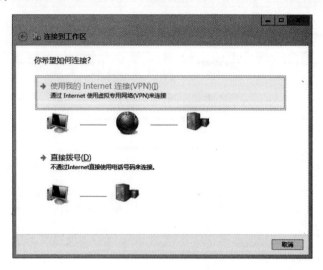

图 6-34　选择连接工作区的方式

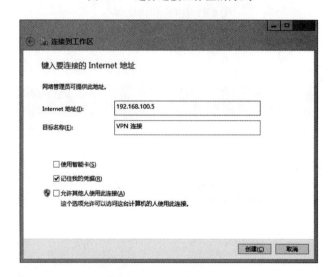

图 6-35　完成连接创建

图 6-36　VPN 连接登录

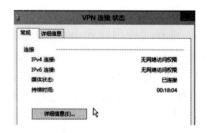

图 6-37　VPN 连接状态

VPN 的工作流程如下所示。

（1）通常情况下，VPN 网关采用了双网卡结构，外网卡使用公网 IP 接入 Internet。

（2）网络一（假定为公网 Internet）的终端 A 访问网络二（假定为公司内网）的终端 B，其发出的访问数据包的目标地址为终端 B 的内部 IP 地址。

（3）网络一的 VPN 网关在接收到终端 A 发出的访问数据包时，会对其目标地址进行检查，如果目标地址属于网络二的地址，则将该数据包进行封装，封装的方式根据所采用的 VPN 技术不同而不同，同时 VPN 网关会构造一个新 VPN 数据包，并将封装后的原数据包作为 VPN 数据包的负载，VPN 数据包的目标地址为网络二的 VPN 网关的外部地址。

（4）网络一的 VPN 网关将 VPN 数据包发送到 Internet，由于 VPN 数据包的目标地址是网络二的 VPN 网关的外部地址，所以该数据包将被 Internet 中的路由正确地发送到网络二的 VPN 网关上。

（5）网络二的 VPN 网关对接收到的数据包进行检查，如果发现该数据包是从网络一的 VPN 网关发出的，即可判定该数据包为 VPN 数据包，并对该数据包进行解包处理。解包的过程主要是先将 VPN 数据包的包头剥离，再将数据包反向处理还原成原始的数据包。

（6）网络二的 VPN 网关将还原后的原始数据包发送至目标终端 B，由于原始数据包的目标地址是终端 B 的 IP 地址，所以该数据包能够被正确地发送到终端 B。在终端 B 看来，它收到的数据包就和从终端 A 直接发过来的一样。

从终端 B 返回终端 A 的数据包处理过程和上述过程一样，这样两个网络内的终端就可以相互通信了。

请探索实现如下操作。

（1）如何在 Windows 下利用 OpenVPN 搭建 VPN 服务器？

（2）假设 JDY 公司市场部门员工（Tom），经常需要到全国各地出差，为了保证 Tom 能够随时随地访问 JDY 的网络，请完成 VPN 访问公司网络的配置方案，并简述其工作流程。

（3）请探索如何在一台 Windows Server 2012 服务器上部署 DHCP 服务，实现 IP 地址的自动分配，并测试验证。

项目 **7**

域的创建与使用

【知识目标】

- 识记：域及其相关概念。
- 领会：域中的信任关系建立和域管理的特点。

【技能目标】

- 学会创建 Active Directory（活动目录）域。
- 学会计算机加入域操作和脱离域操作。
- 学会域用户和域组的创建与管理操作。

【工作岗位】

- 系统管理员。

【教学重点】

- 创建 Active Directory 域。
- 计算机加入域操作和脱离域操作。

【教学难点】

- 域用户和域组的创建与管理操作。

【教学资源】

- 微课视频。
- 教学课件。
- 授课教案。
- 试卷题库。

域（Domain）是 Windows 网络中独立运行的单位，域之间相互访问需要建立信任关系（即 Trust Relation）。信任关系是连接在域与域之间的桥梁。当一个域与其他域建立了信任关系后，2 个域之间不但可以按需要相互进行管理，还可以跨网分配文件和打印机等设备资源，使不同的域之间可以实现网络资源的共享与管理，以及相互通信和数据传输。

域既是 Windows 网络操作系统的逻辑组织单元，也是 Internet 的逻辑组织单元，在 Windows 网络操作系统中，域是安全边界。域管理员只能管理域的内部，除非其他的域显式地赋予其管理权限，其才能够访问或者管理其他的域，每个域都有自己的安全策略，以及它与其他域的安全信任关系。

域控制器的优点如下。

（1）权限管理集中，管理成本下降。

域环境：所有网络资源，包括用户，均是在域控制器上维护的，这样便于集中管理。所有用户只要登录域，在域内均能进行身份验证，管理人员可以较好地管理计算机资源，管理网络的成本大大降低了。可以防止公司员工在客户端随意安装软件，能够增强客户端安全性；通过域管理可以有效地分发和指派软件、补丁等，实现网络内的软件统一；配合 ISA，域环境可以根据用户账户来实现上网控制。

（2）安全性能加强，权限更加分明。

有利于企业的一些保密资料的管理，如某个磁盘允许某个人读写，其他人不可以读写；某个文件只让某人或者某些人可读，但不可以删/改/移等；可以封掉客户端的 USB 端口，防止公司机密资料的外泄。安全性完全与活动目录集成；不仅可在目录中的每个对象上定义访问控制，还可在每个对象的属性上定义；活动目录提供了安全策略的存储和应用范围。安全策略可包含账户信息：如域范围内的密码限制或对特定域资源的访问权；通过组策略设置下发并执行安全策略。

（3）账户漫游和文件夹重定向。

个人账户的工作文件及数据等可以存储在服务器上，统一进行备份、管理，用户的数据更加安全、有保障。当客户机出现故障时，只需使用其他客户机安装相应软件以用户账号登录即可，用户会发现自己的文件仍然在原来的位置，从而可以更快地进行故障修复。

（4）方便用户使用各种共享资源。

可由管理员指派登录脚本映射分布式文件系统根目录，统一管理。用户登录后就可以像使用本地盘符一样，使用网络上的资源，且不需再次输入密码；各种资源的访问、读取、修改权限均可设置，不同的账户可以有不同的访问权限。即使资源位置改变了，用户也不需任何操作，只需管理员修改链接指向并设置相关权限即可，用户甚至不会意识到资源位置的改变。

（5）系统管理服务。

能够分发应用程序、系统补丁等，用户可以选择安装，也可以由系统管理员指派自动安装，并能集中管理系统补丁（如 Windows Updates），不需每台客户端服务器都下载同样的补丁，从而节省了大量网络带宽。

（6）灵活的查询机制。

用户和管理员可使用"开始"菜单、"网上邻居"或"Active Directory 用户和计算机"中的"搜索"命令，通过对象属性快速查找网络上的对象。例如，可通过名字、姓氏、电子邮件名、办公室位置或用户账户的其他属性来查找用户。此外，也可以通过使用全局编录来优化查找信息。

随着 JDY 公司业务的拓展，企业规模越来越大，企业需要面对由于各种资源增加、人员增加、网络威胁等带来的管理成本的增加，郑工程师在研究了 Windows 域管理带来的优势之后，给企业 CIO 提出了建议，即在公司内部部署域控制器，降低企业管理成本。

JDY 公司为了降低企业发展带来的资源管理、网络管理、安全管理和人员管理带来的各种管理成本，计划在公司内部部署 Windows 域控制器，实现员工域登录并使用资源的管理模式，郑工程师制订了如下培训计划。

（1）在 JDY 公司网络中创建第一台域控制器，并检查 DNS 服务器内的记录是否完备。
（2）创建更多的域控制器。
（3）将 Windows 计算机加入或脱离域。
（4）管理域用户账户。
（5）管理域组账户。
（6）提升域与林的功能级别。
（7）删除域控制器与域。

任务 7.1 创建第一个域控制器

微视频 7-1 创建第一个域控制器

1. 任务描述

郑工程师将按照图 7-1 创建第一个林中的第一个域（根域）。创建域的方式是先安装一台 Windows Server 2012 服务器，然后将其升级为域控制器。第一台域控制器 IP 地址为 192.168.100.11/24，域名为 jdy.com。

2. 任务目标

（1）学会创建网络中第一台域控制器。
（2）学会检查 DNS 服务器内的记录是否完备。
（3）学会创建更多的域控制器。

3. 任务实施

按照图 7-1 来创建第一个林中的第一个域。

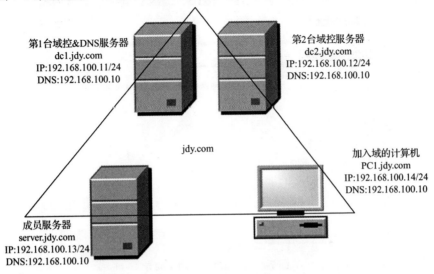

图 7-1 jdy.com 域拓扑图

（1）修改机器名和 IP 地址。先修改 IP 地址，并且指向已配置好的 DNS（需要事先配置 DNS），并且修改计算机名为 DC1，升级成域控后，机器名称会自动变成 dc1.jdy.com，如图 7-2 所示。

图 7-2 DC1 计算机配置信息

（2）安装域功能。单击左下角的服务器管理器图标，单击仪表板处的"添加角色和功能"超链接，如图 7-3 所示。

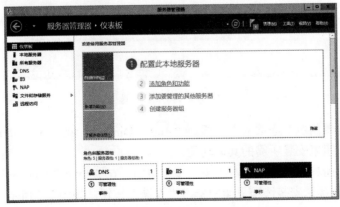

图 7-3 添加角色和功能

（3）打开"添加角色和功能向导"对话框，单击"下一步"按钮，选中"基于角色或基于功能的安装"单选按钮，如图 7-4 所示。

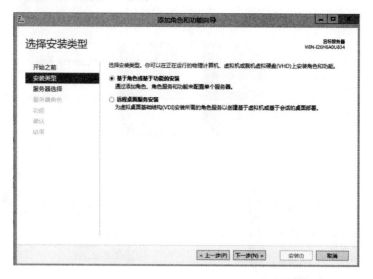

图 7-4　添加角色和功能向导

（4）单击"下一步"按钮，选中"从服务器池中选择服务器"单选按钮，安装程序会自动检测与显示这台计算机采用静态 IP 地址设置的网络连接，单击"下一步"按钮，如图 7-5 所示。

图 7-5　选择服务器

（5）在"服务器角色"选项卡中，选择"Active Directory 域服务"，如图 7-6 所示，并单击"添加功能"按钮来安装所需的其他功能。

（6）在选择功能界面中直接单击"下一步"按钮，在 Active Directory 域服务界面中单击"下一步"按钮，在确认安装选项界面中单击"安装"按钮，如图 7-7 所示，进入完成安装后的界面，并单击"将此服务器提升为域控制器"超链接。

图 7-6　添加功能

图 7-7　域控制器安装完成界面

（7）如图 7-8 所示，选中"添加新林"单选按钮，设置林根域名（jdy.com），并单击"下一步"按钮。

图 7-8　添加新林

注意：此林根域名不要与对外服务器的 DNS 名称相同，如对外服务的 DNS URL 为 http://www.jdy.com，则内部的林根域名就不能是 jdy.com，否则未来可能会出现兼容性问题。

（8）完成如图 7-9 所示的设置后，单击"下一步"按钮。

图 7-9　Active Directory 域服务器配置

注意：选择林功能级别、域功能级别，此处选择 Windows Server 2012，此时域功能级别只能是 Windows Server 2012，如果选择其他林功能级别，则可以选择其他域功能级别。

① 默认会直接在此服务器上安装 DNS 服务器。

② 第一台域控制器必须是全局编录服务器的角色。

③ 第一台域控制器不可以是只读域控制器（RODC），这个角色是 Windows Server 2008 中的新功能。

④ 设置目录还原密码。

目录还原模式是一种安全模式,可以在开机进入安全模式时修复 Active Directory 数据库,但是必须使用此密码。

（9）如图 7-10 所示，弹出警告信息，此处暂不影响使用，直接单击"下一步"按钮。

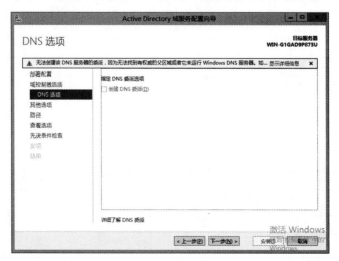

图 7-10　警告信息

（10）系统会自动创建一个 NetBIOS 名称，用户可以更改此名称，如果此 NetBIOS 名称已被占用，则安装程序会自动指定一个建议名称。完成后单击"下一步"按钮，如图 7-11 所示。

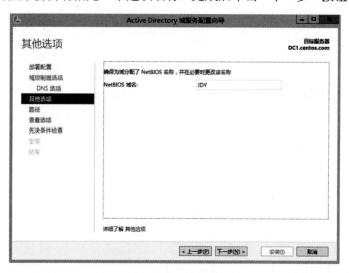

图 7-11　NetBIOS 名称

（11）Active Directory 数据库路径配置如图 7-12 所示。数据库文件夹用于存储 Active Directory 数据库；日志文件文件夹用于存储 Active Directory 的更改记录，此记录可以用来修复 Active Directory 数据库；SYSVOL 文件夹用于存储域共享文件（如组策略）。

图 7-12　Active Directory 数据库路径配置

注意：如果计算机内有多个硬盘，则建议将数据库与日志文件夹分别设置到不同的硬盘内，分为两个硬盘可以提高运行效率，而且分开存储可以避免两份数据同时出现问题，以提高修复 Active Directory 的能力。（但如果采用了 RAID 模式，数据就没有必要分开存储，仅仅和操作系统分区分开即可）

（12）在查看选项界面中单击"下一步"按钮，如果顺利通过检查，便可以直接单击"安装"按钮，进行相关安装，并进行先决条件检查，如图 7-13 所示。

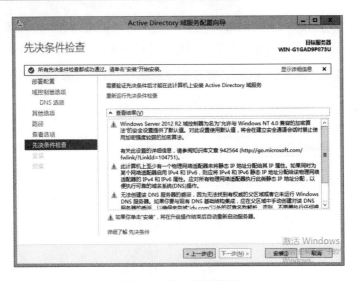

图 7-13　先决条件检查

（13）安装完成后如图 7-14 所示，系统将自动注销。

图 7-14　系统注销提示

（14）检查 DNS 服务器内的记录是否完备。域控会将自己扮演的角色注册到 DNS 服务器内，以便让其他计算机能够通过 DNS 服务器来找到域控。因此，需要先检查 DNS 服务器内是否已经存在这些记录。需要用域管理员账户来登录 jdy\administrator，如果域控制器已经正确地将其扮演的角色注册到 DNS 服务器，则还应有_tcp、_udp 等文件夹，如图 7-15 所示。

图 7-15　检查 DNS 服务器内的记录是否完备

（15）单击_tcp 文件夹后可以看到数据类型为服务位置（SRV）的_ldap 记录，表示

dc1.jdy.com 已经正确地注册为域控制器。此时,还能看到_gc 记录全局编录也是由 dc1.jdy.com 所扮演的,如图 7-16 所示。

图 7-16 _tcp 文件夹

注意: 如果域成员本身的设置或者网络出现了问题,会导致无法将数据注册到 DNS 服务器上。如果有成员计算机的主机与 IP 没有正确注册到 DNS 服务器上,则可以到此机器上运行 ipconfig/registerdns 命令来手动注册。完成后,到 DNS 服务器上检查是否已有正确记录,如 server1.jdy.com,IP 地址为 192.168.100.13,则检查区域 jdy.com 是否有对应的 A 记录和 IP。

如果发现域控制器没有将其扮演的角色注册到 DNS 服务器,也就是没有_tcp 文件夹与记录,则应到服务器中重启 Netlogon 服务,以完成注册,如图 7-17 所示。

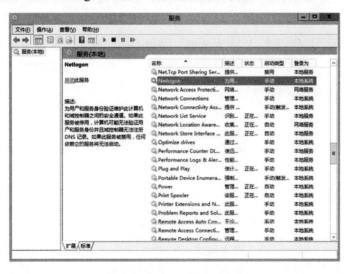

图 7-17 重启 Netlogon 服务

(16) 创建更多的域控制器,将 dc2.jdy.com 升级为域控制器,首先修改 IP 地址,并且指向已配置好的 DNS,并且修改计算机名为 DC2,将其升级成域控后,机器名称会自动变成 dc2.jdy.com,如图 7-18 所示。

注意：如果一个域内有多个域控制器，则会有如下好处。

① 提高用户登录的效率：如果同时有多台域控制器对客户提供服务，则可以分担审核用户登录身份（账户与密码）的负担，使用户登录效率更高。

② 排错功能：如果有域控制器发生故障，则此时依然能有其他正常的域控制器继续提供域服务器。

（17）下面的配置与"创建第一台域控制器"操作一致，完成添加功能操作，如图 7-19 所示。

图 7-18　DC2 的配置信息
图 7-19　添加功能 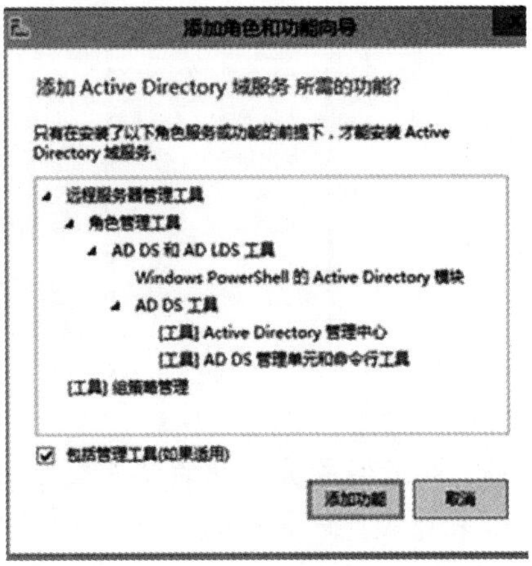

（18）随后，单击"将此服务器提升为域控制器"超链接，这里将域控添加到现有域中，输入域名 jdy.com，单击"更改"按钮，输入有权限添加域控制器的账户 jdy\administrator 的密码，确定后单击"下一步"按钮，如图 7-20 所示。

图 7-20　添加到现有域

注意：只有 Enterprise Admins 和 Domain Admins 内的用户有权限创建其他域控制器。

（19）完成如图 7-21 所示的设置后，单击"下一步"按钮。

图 7-21 Active Directory 域服务器配置

（20）弹出警告信息，此处不影响使用，直接单击"下一步"按钮即可。选择从"任何域控制器"复制 Active Directory，如图 7-22 所示。

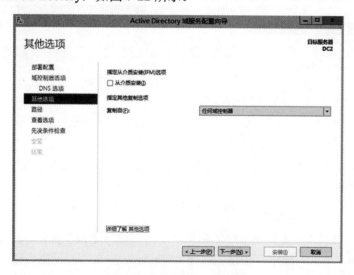

图 7-22 复制 Active Directory

（21）安装完成后机器会重启，并检查 DNS 记录。

任务 7.2 将 Windows 计算机加入或脱离域

微视频 7-2 将 Windows 计算机加入或脱离域

1．任务描述

创建了域以后，Windows 计算机需要加入域，以便于访问 Active Directory 数据库与其他资源，例如，用户可以在这些计算机上利用域用户账户来登录域，并利用此域用户账户来访问域内其他计算机内的资源。

2．任务目标

（1）学会 Windows 计算机加入域操作。
（2）学会加入域的计算机脱离域操作。

3．任务实施

（1）更改计算机的名称为 Server，IP 地址为 192.168.100.13。
（2）打开"服务器管理器"窗口，选择左侧的"本地服务器"选项，如图 7-23 所示。

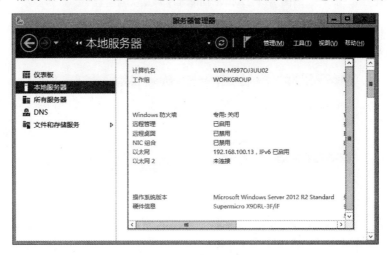

图 7-23　服务器管理器

（3）单击右方工作组处的"WORKGROUP"，并单击"更改"按钮，并设置隶属于"域"，输入域名 jdy.com，单击"确定"按钮，打开"Windows 安全"对话框，输入域内用户的域名和域账户的密码，如图 7-24 所示。

图 7-24　计算名/域更改

注意：如果报错，请检查 DNS 的指向。

（4）进入如图 7-25 所示界面表示已经成功地加入域，即此计算机的计算机账户已经被创建在 Active Directory 数据库内。

注意：如果出现错误，则可检查所输入的账户与密码是否正确，可以在 Active Directory 内创建最多 10 个账户。

（5）单击"确定"按钮，弹出提示信息，提示要重新启动计算机，单击"确定"按钮重启计算机，如图 7-26 所示。

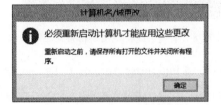

图 7-25　加入域　　　　　　　　　　图 7-26　重新启动计算机

（6）加入域后，其完整计算机名的后缀就会自动附上域名，如图 7-27 所示。

图 7-27　完整主机名加上域名

（7）在已加入域的计算机上，利用本地用户账户进行登录，在登录界面中按 Ctrl+Alt+Delete 组合键后，将进入如图 7-28 所示界面，默认以本地系统管理员（Administrator）的身份登录，因此只要输入本地的 Administrator 密码，就可以实现登录，此时可以访问本地计算机资源，但是无法直接访问域内其他计算机资源。

（8）如果要利用域系统管理员（Administrator）的身份登录，则需要单击左侧的箭头，选择其他用户，输入域系统管理员的账户（jdy\administrator）与密码进行登录（此时的账户名和密码会被发送到域控制器进行验证），如图 7-29 所示。

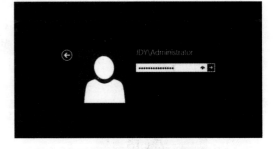

图 7-28　本地系统管理员身份登录　　　　　　　图 7-29　域系统管理员登录

（9）只有域 Enterprise Admins 和 Domain Admins 的成员或本地 Administrator 才有权限将计算机脱离域。因为 Windows Vista（含）之后的系统默认已经启用了用户账户控制，因此如果没有权限执行脱离域的任务，系统会先要求输入账户和密码。

（10）选择"开始"→"计算机"选项，右击"属性"选项，选择"更改设置"选项，单击"更改"按钮，更改计算机的工作组，单击"确定"按钮，完成后重启计算机，即可实现脱离域的操作。计算机脱离域后，只能使用本地账户登录，无法使用域用户账户登录，如图 7-30 所示。

图 7-30　脱离域操作

任务 7.3　管理 Active Directory 域用户账户

微视频 7-3　管理 Active Directory 域用户账户

1．任务描述

有时管理员精力有限，需要将账户的权限委派给其他各个部门的行政，委派给他们后，他们当然是不能登录域控制器的，此时就要在其计算机上安装 Active Directory 管理工具。郑工程师为了管理方便，需要在域中各个计算机系统中安装 Active Directory 管理工具，并对相关行政人员进行培训，以达到减轻管理员负担的作用。

2．任务目标

（1）学会域控制器内置的 Active Directory 管理工具的使用。
（2）学会域 jdy.com 中其他成员计算机内的 Active Directory 管理工具的使用。
（3）学会组织单位与域用户账户的创建操作。
（4）学会测试新用户账户在域控制器上的登录操作。
（5）学会设置域用户个人数据操作。
（6）学会限制登录时间与登录计算机操作。

3．任务实施

（1）成员计算机内的 Active Directory 管理工具安装。在 Windows Server 2012（在 Windows 8 和 Windows 7 中，需要去官网下载 Remote Server Administration Tools for Windows 8/7 并进行安装）中安装 Active Directory 管理工具时，在添加功能中选择添加"远程服务器管理工具"，如图 7-31 所示。

图 7-31　安装 Active Directory 管理工具

（2）创建组织单位与域用户账户。可以将用户账户创建到任何一个容器或组织单位（OU）内。先创建业务部的 OU，再创建用户。

创建组织单位，进入 Active Directory 管理中心，右击域，在弹出的快捷菜单中选择"新建"→"组织单位"选项，如图 7-32 所示。

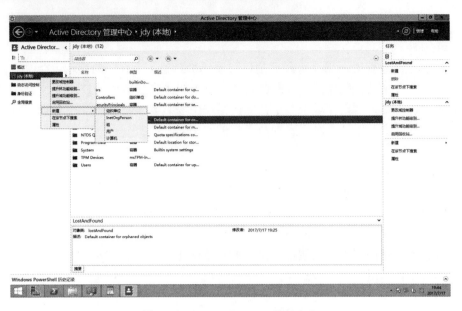

图 7-32　Active Directory 管理中心

（3）在组织单位创建窗口中，输入组织单位名称"财务部"，以及其他相关信息，然后单击"确定"按钮，完成组织单位创建，如图 7-33 所示。

图 7-33　组织单位创建

（4）创建用户，右击"财务部"，在弹出的快捷菜单中选择"新建"→"用户"选项，打开新建用户对话框，如图 7-34 所示。

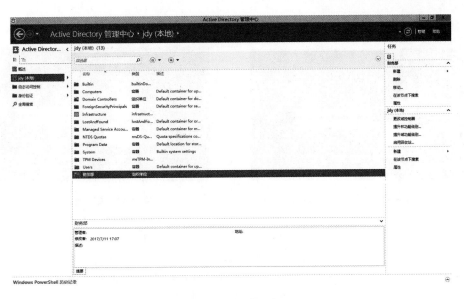

图 7-34 新建用户

（5）在用户创建窗口中，输入用户账户全名"郑工程师"，以及其他相关信息，然后单击"确定"按钮，完成用户创建，如图 7-35 所示。

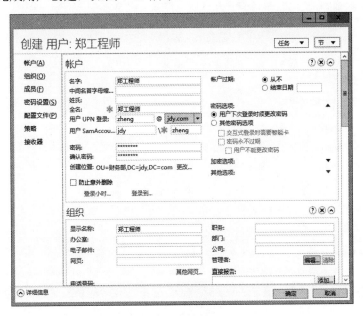

图 7-35 用户创建

用户 UPN 登录：用户可以利用这个域电子邮箱格式相同的名称（zheng@jdy.com）来登录域，此名称被称为用户主体名（User Principal Name，UPN）。此名在林中是唯一的。

用户 SamAccountName 登录：用户也可以利用此名称（jdy\zheng）来登录。其中，zheng 是 NetBIOS 名。同一个域中此名称必须是唯一的。

（6）使用新账户登录域，下面使用 2 种方法来登录域，如图 7-36 和图 7-37 所示。

（7）利用新用户账户登录域控，除了域 Administrators 等少数组内的成员之外，其他一般域账户默认无法登录到域控上，除非另外开放权限。

图 7-36　用户 SamAccountName 登录

图 7-37　用户 UPN 登录

（8）赋予用户在域控中的登录权限，一般用户必须在域控上拥有允许本地登录的权限，才能在域控上登录。此权限可以用组策略来开放。

（9）在域控制器上，选择"系统管理工具"选项，选择"组策略管理"选项，并右击默认的域控制器策略，选择"已启用链接"选项，如图 7-38 所示。

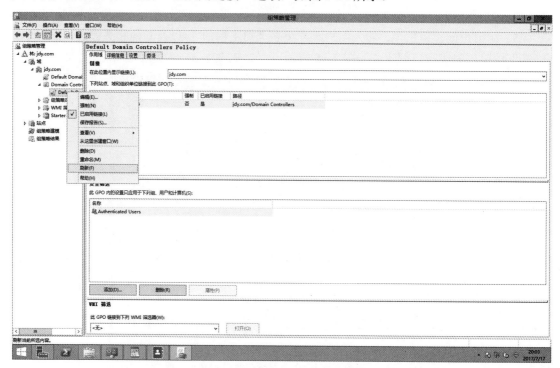

图 7-38　启用默认域控制器策略

（10）依次进行计算机配置→策略→Windows 设置→安全设置→本地策略→用户权限分配→允许本地登录操作，然后将用户或组加入到列表内，如图 7-39 和图 7-40 所示。

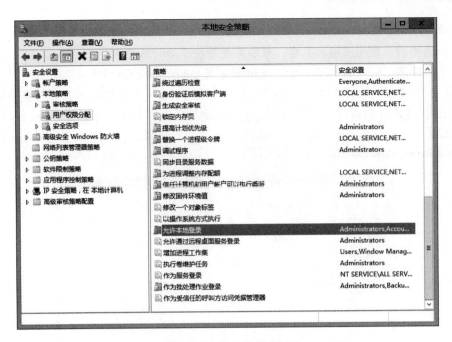

图 7-39 允许本地登录配置

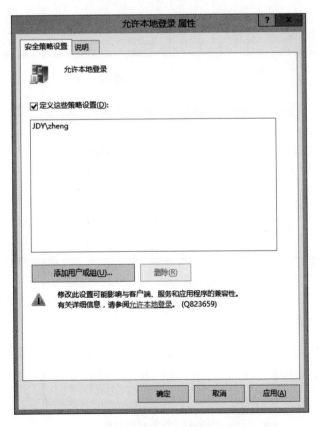

图 7-40 将账户或组添加到列表中

注意: 组策略配置的完成需要应用到域控上才有效, 应用方法有以下三种。

① 将域控制器重启。

② 等域控制器自动应用此策略，可能需要等待 5 分钟或更久。

③ 手动应用：到域控制器上运行 gpupdate 或 gpupdate\force 命令。

（11）多台域控制器的情况。如果域内有多台域控制器，则安全设置值会先被存储到 PDC 操作主机角色的域控制器内，默认由第一台域控制器扮演。打开 "Active Directory 用户和计算机"窗口，右击 "jdy.com"选项，选择 "操作主机"选项，进入操作主机界面，配置操作主机，如图 7-41 和图 7-42 所示。

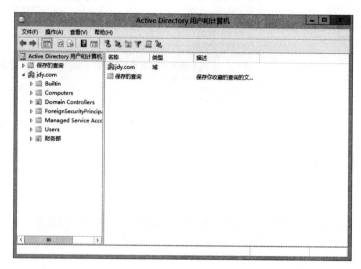

图 7-41　操作主机配置

图 7-42　指定操作主机

注意：等待设置值从 PDC 操作主机复制到其他域控制器后，它们才会应用这些设置值。主要分为以下两种情况。

● 自动复制：PDC 操作主机默认 15 秒后自动将其复制出去，因此其他域控制器可能需要等 15 秒或更久才能接收到此设置值。

● 手动复制：到任何一台域控制器上选择 Active Directory 站点和服务→Sites→Default-First-Name→Servers 节点，单击要接收设置的域控制器，右击"NTDS Settings"节点，选择"立即复制"选项，如图 7-43 所示，DC1 是操作主机，DC2 是需要接收设置值的域控。

图 7-43　手动复制操作

（12）域用户个人数据的设置，每个域用户账户内部都有一些相关的属性数据，如地址、电话等，域用户可以通过这些属性来查找 Active Directory 内的用户，因此这些数据越完整越好，如图 7-44 所示。

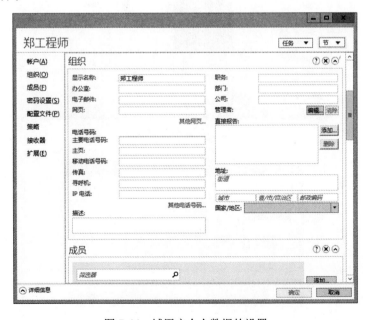

图 7-44　域用户个人数据的设置

（13）限制登录时间与登录计算机，如图 7-45、图 7-46 和图 7-47 所示。

默认用户可以登录所有非域控制器的成员计算机，但可以限制其只能利用某些特定计算机来登录域。图 7-47 所示为限制只能登录 server 计算机。

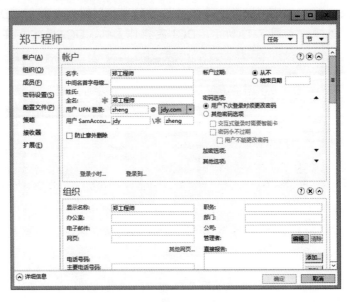

图 7-45　账户登录域信息查看

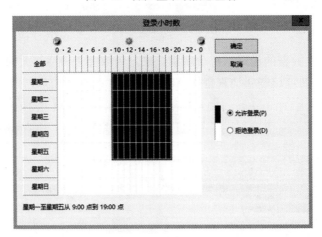

图 7-46　限制登录时间

图 7-47　限制域中可登录的计算机

任务 7.4　管理 Active Directory 域组账户

微视频 7-4　管理 Active Directory 域组账户

1．任务描述

对于域中的账户，除了单独进行管理之外，还可以利用域组来进行管理，有时管理员管理不过来，就需要将账户的权限委派给其他各个部门的行政，委派给他们后，他们当然是不能登录域控制器的，这时就要在其计算机上安装 Active Directory 管理工具。郑工程师按照图 7-48 创建好域后，为了管理方便，需要在域中各个计算机系统中安装 Active Directory 管理工具，并对相关行政人员进行培训，以达到减轻管理员负担的作用。

2．任务目标

（1）学会域组的创建。
（2）学会如何添加域组成员。

3．任务实施

（1）添加域组时，可选择"开始"→"系统管理工具"→"Active Directory 管理中心"选项，选中"域名"，右击任意一个容器和组织单元，选择"新建"→"组"选项，如图 7-48 和图 7-49 所示。

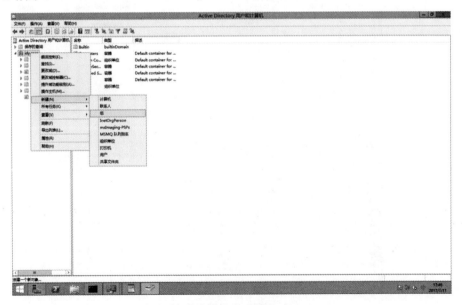

图 7-48　新建组

图 7-49　创建组

（2）添加组成员，若要将用户、组等添加到组内，可右击"组"，选择"属性"选项，打开属性对话框，进行"成员"→"添加"→"高级"→"查找"操作，选中用户或组等后，单击"确定"按钮，将用户或组添加到组中，如图 7-50 和图 7-51 所示。

图 7-50　查找用户或组

图 7-51　将用户或组添加到组中

任务 7.5　删除域控制器与域

微视频 7-5　删除域控制器与域

1．任务描述

JDY 公司现有一台服务器且之前安装了域名环境（域 jdy.com），现在因为公司业务需要，要部署安装一款独立的、新的软件系统，但是技术人员安装部署时发现出现了各种权限问题，使得新的软件系统无法正常安装和配置。如果技术人员要查找域名的策略设置和各种组策略条目，将会非常麻烦，并且时间将会耗费很久，由于新的软件系统急于部署使用，因此郑工程师临时决定，通知技术人员把域控制器删除了以快速解决应用问题。

2．任务目标

学会删除域控制器操作。

3．任务实施

（1）可以通过降级的方式来删除域控制器，也就是将 Active Directory 从域控制器上删除。

注意：在降级前应注意以下事项。

① 如果域内还有其他域控制器存在，则它会被降级为该域的成员服务器。

② 如果这台域控制器是此域内的最后一台域控制器，域内也没有其他的域控制器存在，则域将被删除，而域控制器也将会被降级为独立的服务器。

③ 建议先将成员服务器 server.jdy.com 脱离域，因为在域删除后，这台服务器的账户就无法登录域了（域删除后，也可以再将成员服务器脱离域）。

④ 必须是 Enterprise Admins 组的成员才有权限删除域内的最后一台域控制器。如果此域之下还有子域，则应先删除子域。

⑤ 如果此域控制器是全局编录服务器，则应检查其所在站点内是否还有其他全局编录服务器，如果没有，则应先指定另一台域控制器来扮演全局编录服务器，否则将影响用户登录。选择 Active Directory 站点和服务→Site→Default-First-Site-Name→Servers 节点，在 NTDS Settings 上右击，选择"属性"选项，勾选"全局编录"复选框，如图 7-52 所示。

⑥ 如果删除的域控制器是林内最后一台域控制器，则林会被一起删除。（Enterprise Admins 组的成员才有权限删除这台域控制器与林。）

图 7-52　指定全局编录

（2）单击左下角的"服务器管理器"超链接，如图 7-53 所示，选择"管理"→"删除角色和功能"选项。

（3）打开"开始之前"对话框，单击"下一步"按钮，确认"选择目标服务器"界面中的服务器无误后，单击"下一步"按钮。

（4）在如图 7-54 所示的对话框中取消勾选 Active Directory 域服务，单击"删除功能"按钮。

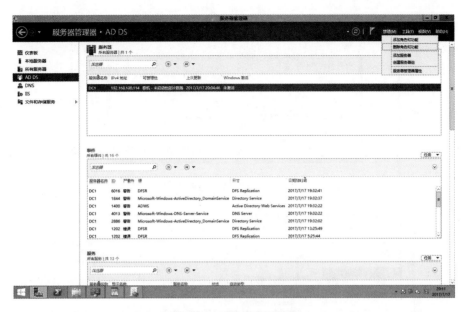

图 7-53　删除角色和功能

图 7-54　删除功能

（5）进入如图 7-55 所示界面时，单击"将此域控制器降级"超链接。

（6）如果当前的用户有权删除此域控制器，应直接单击"下一步"按钮，否则单击"更改"按钮来输入新的账户和密码，如图 7-56 所示。

（7）如因为出现故障而无法删除此域控制器（如在删除时，需要能够连接其他域控制器，但是一直无法连接），此时可以勾选"强制删除此域控制器"复选框，如果是域中的最后一台域控制器，则需要勾选"域中的最后一个域控制器"复选框，如图 7-56 所示。

（8）单击"下一步"按钮，并在如图 7-57 所示对话框中勾选"继续删除"复选框，然后单击"下一步"按钮。

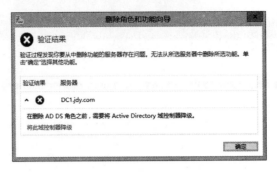

图 7-55　将此域控制器降级

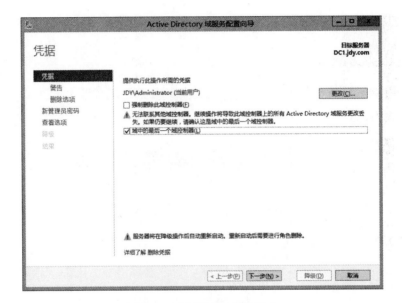

图 7-56　选择拥有权限的账户

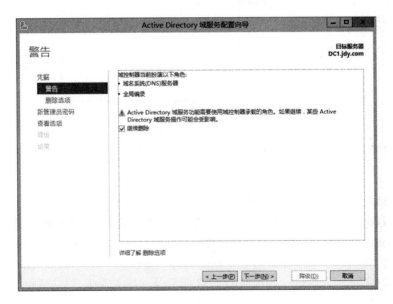

图 7-57　继续删除

（9）如图 7-58 所示，确认是否删除 DNS 区域与相应程序分区后，单击"下一步"按钮。

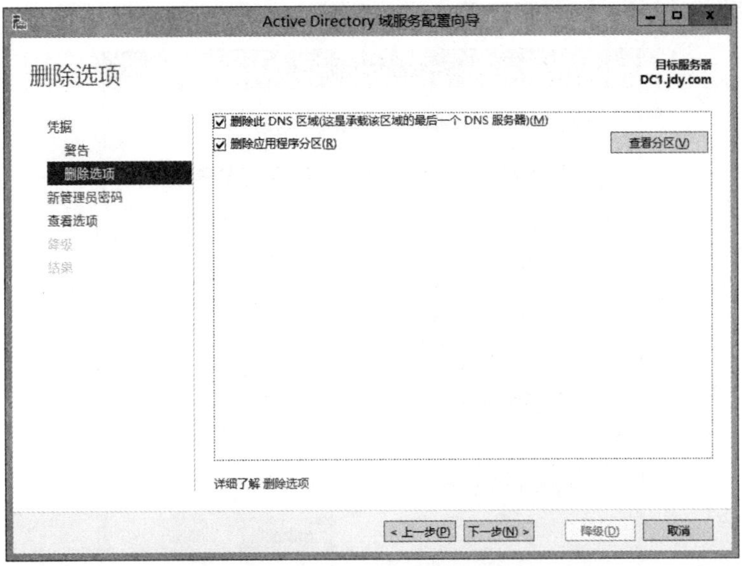

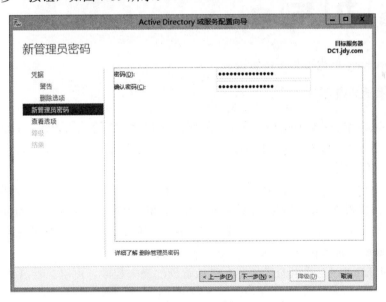

图 7-58   删除 DNS 区域与相应程序分区

（10）为这台即将被降级为独立或成员服务器的计算机设置本地 Administrator 的新密码，并单击"下一步"按钮，如图 7-59 所示。

图 7-59   设置 Administrator 的新密码

（11）在"查看选项"对话框中单击"降级"按钮，完成后会自动重新启动计算机，并重新登录。

注意：虽然这台服务器已经不再是域控了，但是此时域服务组件依然存在，而要继续删除。

（12）在"服务器管理器"窗口中选择"管理"→"删除角色和功能"选项，进入"开始之前"界面时，单击"下一步"按钮，在"选择目标服务器"界面中选择服务器，并单击"下一步"按钮。

（13）在如图 7-60 所示对话框中进行相应设置。

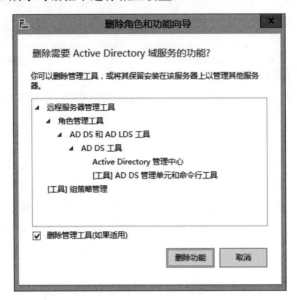

图 7-60　相关设置

Active Directory 域内有如下内置组。

1. 内置本地域组

这些本地域组本身被赋予了一些权限，以便让管理者具备管理 Active Directory 域的能力，只要将用户或组账户添加到这些内置的本地域组内，这些账户就会自动具备相同的权限，它们位于 Builtin 容器内。

（1）Account Operators。此组的成员默认可以在容器与组织单元内添加/删除/修改用户账户、组账户与计算机账户，但有些容器例外，如 Builtin 容器与 Domain Controllers 组织单元，同时也不允许在部分容器内添加计算机名，如 user；其也无法修改或者删除某些组的成员，如 Administration、Backup Operators 等。

（2）Administrators。此组的成员拥有对域管理的最大权限，可以执行 Active Directory 的管理工作。

（3）Backup Operators。此组内的用户可以使用 Windows Server Backup 工具来备份与还原域控制器内的文件.

（4）Guests。此组内的用户无法永久改变其桌面的工作环境.

（5）Network Configuration Operators。此组的成员用于在域控制器上管理一般的网络设置，如修改 IP 地址，但不可以安装驱动等。

（6）Performance Monitor User。此组的成员可监视域控制器运行状况。

（7）Pre-Windows 2000 Compatible Access。此组的成员用于提高正在运行 Microsoft Windows NT 4.0 和更高版本的计算机的向后兼容性。

（8）Print Operators。此组的成员可以管理域控制器上的打印机。

（9）Remote Desktop Users。此组内的用户可以从远程计算机通过终端服务登录。

（10）Server Operators。此组内的成员可以备份与还原域控制器内的文件，将域控制器硬盘格式化等。

（11）Users。此组的成员拥有一般的基本权限，如运行应用系统。

2．内置全局组

（1）Domain Admins。域内的成员计算机会自动将此组添加到本地组 Administrators 内，因此 Domain Admins 组内的每一个成员，在域内的每一台计算机上都具备系统管理员的权限。

（2）Domain Computers。所有加入域内的计算机都会自动添加到此组内。

（3）Domain Controllers。域内所有域控制器都会自动添加到此组中。

（4）Domain Users。域内的成员计算机都会自动添加到此组中。

（5）Domain Guests。域内的成员计算机会自动添加到本地组内的 Guests 内。

3．内置通用组

（1）Enterprise Admins。此组只存在于林根域，其成员有权管理林内的所有域，此组默认的成员为林根域的用户 Administrators。

（2）Schema Admins。此组只存在于林根域，其成员具有管理构架的权限。

请探索实现如下操作。

（1）参考项目设置，假设 JDY 公司财务部门新招聘了一名员工（Tony），Tony 一般使用 PC（操作系统为 Windows 10），现已经为其创建了一个系统账户（Tony），为了保证其能够正常使用域资源（jdy.com），Tony 应如何进行相关配置？

（2）请在一台 Windows Server 2012 服务器上部署 IIS 服务，实现公司网站的发布（网站采用网络下载任意源码，假设发布域名为 www.jdy.com），并通过 http://www.jdy.com 测试验证。

（3）如何对 Tony 使用的 PC（操作系统为 Windows 10）做脱离域操作（jdy.com）？

项目 **8**

组策略与安全设置

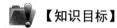 **【知识目标】**

- 识记：组策略包含计算机配置和用户配置。
- 领会：域或组织单位的组策略设置与本地计算机策略的设置发生冲突时的处理方法。

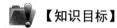 **【技能目标】**

- 能够在 Windows Server 2012 中使用本地计算机组策略进行安全管理。
- 能够在 Windows Server 2012 中使用域组策略进行安全管理。

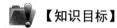 **【工作岗位】**

- 系统管理员。

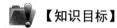 **【教学重点】**

- 使用本地计算机组策略进行安全管理。
- 使用域组策略进行安全管理。

 【教学难点】

- 审核策略的设置。

 【教学资源】

- 微课视频。
- 教学课件。
- 授课教案。
- 试卷题库。

引言

组策略（Group Policy）就是基于组的策略，它以 Windows 中的一个 MMC 单元的形式存在，可以帮助系统管理员针对整个计算机或特定用户来设置多种配置，包括桌面配置和安全配置。注册表是 Windows 系统中保存系统软件和应用软件配置的数据库，而随着 Windows 功能越来越丰富，注册表里的配置项目也越来越多，很多配置都可以自定义设置，但这些配置分布在注册表的各个角落，如果使用手工配置，可以想象是多么困难和烦杂。而组策略则将系统重要的配置功能汇集成各种配置模块，供用户直接使用，从而达到方便管理计算机的目的。简单地说，组策略设置就是修改注册表中的配置。当然，组策略使用了更完善的管理组织方法，可以对各种对象中的设置进行管理和配置，远比手工修改注册表方便、灵活，功能也更加强大。

郑工程师为了方便管理，增强网络、系统的安全性，力争消除网络与系统"短板"，需要对技术人员进行相关组策略与安全配置的培训。

项目介绍

JDY 公司的郑工程师接下来要对技术人员进行相关组策略与安全配置的培训，以通过组策略的强大功能，来充分管理网络用户与计算机的工作环境，从而增强系统的安全防护，减轻网络管理的负担。其制订的培训计划如下。

（1）通过本地计算机策略配置，加强系统安全管理。

（2）通过域组策略配置，加强系统安全管理。

（3）通过本地安全策略，加强系统安全管理。

（4）通过域与域控制器安全策略，加强系统安全管理。

（5）审核资源的使用。

任务 8.1　设置本地计算机策略

微视频 8-1　设置本地计算机策略

1. 任务描述

通过本地计算机策略配置，隐藏 IE 浏览器"Internet 选项"对话框的"安全"和"连接"选项卡，使用户组无法进行相关修改配置。

2. 任务目标

（1）熟悉本地计算机组策略的启动、配置。

（2）学会利用组策略进行系统安全管理。

3. 任务实施

以下利用未加入域的计算机来练习本地计算机组策略的配置，以免受到域组策略的干扰，而造成本地计算机策略的设置无效。

（1）通过本地计算机策略来限制用户工作环境。

删除客户端浏览器 IE 内"Internet 选项"对话框的"安全"和"连接"选项卡，如图 8-1 所示。

互联网是一个危险的"温床"，黑客、病毒、间谍软件、其他类型的恶意代码和程序盛行不断。在使用 Internet Explorer 的过程中，可以使用 IE 的"安全区"功能。通常情况下，这些都是自动以最佳化的方式来设置保护级别的，使用户免受危害。

图 8-1 "Internet 选项"对话框

按 Windows+R 组合键，输入"gpedit.msc"，打开本地计算机组策略编辑器，如图 8-2 所示，选择"用户配置"→"管理模板"→"Windows 组件"→"Internet Explorer"→"Internet 控制面板"节点，将"禁用连接页"与"禁用安全页"设置为"已启用"，此设置会立即应用到所有用户。打开"Internet Explorer"，按 Alt 键，选择"工具"→"Internet 选项"选项，打开"Internet 选项"对话框，如图 8-3 所示，可以看到"安全"与"连接"选项卡消失了。

图 8-2 组策略配置

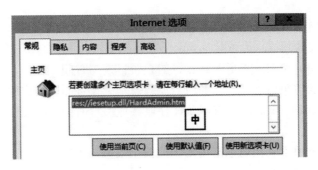

图 8-3　Internet 选项

（2）用户权限分配与安全选项策略。

① 如图 8-4 所示，要分配图中右方任何一个权限给用户或组时，只要双击该权限，然后添加用户或组即可。

图 8-4　用户权限设置

- 允许本地登录：允许用户直接在本地计算机上按 Ctrl+Alt+Delete 组合键登录。
- 拒绝本地登录：拒绝用户直接在本地计算机上按 Ctrl+Alt+Delete 组合键登录。这个权限优先于允许本地登录的权限。
- 将工作站添加到域：允许用户将计算机加入域。
- 关闭系统：允许用户将此计算机关机。
- 从网络访问此计算机：允许用户通过网络与其他计算机进行连接，并访问此计算机内的资源。
- 拒绝从网络访问这台计算机：拒绝用户通过网络与其他计算机进行连接或访问计算机内的资源，这个权限优先于从网络访问此计算机的权限。
- 从远程系统强制关机：允许用户从远程计算机将此台计算机关闭。
- 备份文件和目录：允许用户备份硬盘内的文件与文件夹。

- 还原文件和目录：允许用户还原备份的文件与文件夹。
- 管理审核和安全日志：允许用户指定要审核的事件，也允许用户查询与清除安全日志。
- 更改系统时间：允许用户更改计算机的系统日期与时间。
- 加载和卸载设备驱动程序：允许用户加载与卸载设备的驱动程序。
- 取得文件或其他对象的所有权：允许夺取其他用户所拥有的文件、文件夹或其他对象的所有权。

② 通过如图 8-5 所示安全选项来启用相应安全设置。

图 8-5　安全选项设置

- 交互式登录：无须按 Ctrl+Alt+Delete 组合键——让登录界面不要再显示类似按 Ctrl+Alt+Delete 组合键登录的信息（这是 Windows 8、Windows 7 等客户端的默认值）。
- 交互式登录：不显示最后的用户名——登录界面上会自动显示上一次登录者的用户名，然而通过此选项可以让其不显示。
- 交互式登录：提示用户在过期之前更改密码——用来在用户密码过期的前几天，提示用户更改密码。
- 交互式登录：之前登录到缓存的次数（域控制器不可用时）——域用户登录成功后，其账户信息会被保存到用户计算机的缓存区，如果以后此计算机因故无法与域控制器连接，则该用户还可以通过缓存区的账户数据来验证身份与登录，可以通过此策略设置缓存区内账户数据的数量，默认为记录 10 个登录用户的账户数据（Windows Server 2008 为 25 个）。
- 交互式登录：试图登录的用户的消息文本、试图登录的用户的消息标题——如果用户在登录时按 Ctrl+Alt+Delete 组合键后，界面上能够显示希望用户看到的消息，则应通过这两个选项进行设置，其中一个用来设置消息文件，另一个用来设置消息标题文字。
- 关机：允许系统在未登录的情况下关闭——让登录界面的右下角能够显示关机图标，以便在不需要登录的情况下就可以直接通过此图标关闭计算机（这是 Windows 8、Windows 7 等客户端的默认值）。

（3）密码的使用策略与账户锁定的方式。

① 如图 8-6 所示，选中"密码策略"节点。

注意：在选中图 8-6 中的"密码策略"节点后，如果系统不允许修改设置值，则表示这台计算机已经加入域，并且该策略在域内已经设置了，此时会以域设置为其最后有效设置（未加入域之前，已经在本地设置的相对策略自动无效）。

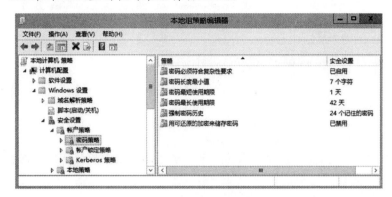

图 8-6　密码策略

● 用可还原的加密来储存密码：如果应用程序需要读取用户的密码，以便验证用户身份，则可以启用此功能。不过，由于它相当于用户密码没有加密，因此并不安全，所以建议如非必要，不要启用此功能。

● 密码必须符合复杂性要求：此时用户的密码必须满足以下要求（这是默认值）。

✧ 不可包含用户账户名中超过两个以上的连续字符。

✧ 至少需要 6 个字符。

✧ 至少包含 A~Z、a~z、0~9、非字母数字（如!、$、#、%）等 4 组字符中的 3 组。

● 密码最长使用期限：用来设置密码最长的使用期限（可为 0~999 天），用户在登录时，如果密码使用期限已到，则系统会要求用户更改密码，O 表示密码没有使用期限，默认值是 42 天。

● 密码最短使用期限：用来设置用户密码最短的使用期限（可为 0~998 天），期限未到前，用户不得更改密码。O（默认值）表示用户可以随时更改密码。

● 强制密码历史：用来设置是否要保存用户曾经用过的旧密码，以便用来决定用户在更改其密码时，是否可以重复使用旧密码。

✧ 1~24 表示要保存密码历史记录，例如，如果设置为 5，则用户的新密码不可与前 5 次使用过的旧密码相同。

✧ 0（默认值）：表示不保存密码历史记录，因此密码可以重复使用，也就是用户更改密码时，可以将其设置为以前曾经用过的任何一个旧密码。

● 密码长度最小值：用来设置用户的密码最少需要几个字符，此处可为 0~14，0（默认值）表示用户可以没有密码。

② 如图 8-7 所示，通过账户锁定策略来设置账户锁定的方式。

● 账户锁定阈值：用来设置用户登录多次失败（密码输入错误）后，将该账户锁定，在未被解除锁定之前，用户无法再利用此账户登录，此处可为 0~999，0 为默认值。

● 账户锁定时间：用来设置锁定账户的期限，期限过后自动解除锁定。此处可为 0~99999

分钟，0 分钟表示永久锁定，不会自动解除锁定，此时必须由系统管理员手动来解除锁定。

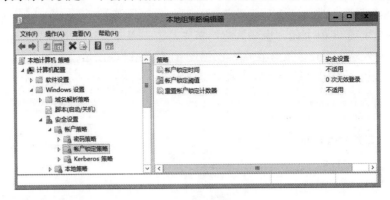

图 8-7　设置账户锁定方式

● 重置账户锁定计数器：锁定计数器用来记录用户登录失败的次数，其初始值为 0，如果用户登录失败，则锁定计数的值会加 1；如果登录成功，则锁定计数器的值会归零。如果锁定计数器的值等于账户锁定阈值，则该账户会被锁定。

如果用户连续两次登录失败的间隔时间超过此处设置的值，锁定计数器值就会自动归零。如果用户连续 3 次登录失败，其账户就会被锁定。不过，在尚未连续 3 次登录失败之前，如果前一次登录失败后到此次失败之间的间隔时间已超过 30 分钟，则锁定计数器值会从 0 开始计算。

任务 8.2　针对常用的域与组织单位来设置组策略

微视频 8-2　针对常用的域与组织单位来设置组策略

1．任务描述

针对常用的域与组织单位（业务部）来设置组策略，为域组设定 IE 浏览器的默认主页，并且使用户组无法进行相关修改配置。

2．任务目标

（1）熟悉域组策略的设定。
（2）学会利用域组策略进行系统安全管理。

3．任务实施

利用加入域的计算机进行相关操作。如图 8-8 所示，可以针对域 jdy.com 来设置组策略，此策略设置会被应用到域内所有计算机与用户上，包含图中组织单位业务部内所有计算机与用户（业务部会继承域 jdy.com 的策略设置）。也可以针对组织单位业务部设置组策略，此策略会应用到该组织单位内的所有计算机与用户。由于业务部会继承域 jdy.com 的策略设置，因此业务部最后的有效设置是域 jdy.com 的策略设置加上业务部的策略设置。

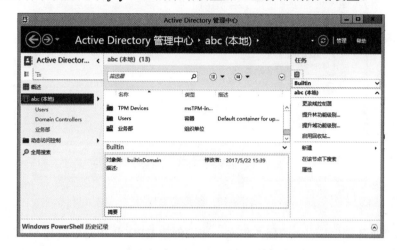

图 8-8　Active Directory 管理中心

如果业务部的策略设置与域 jdy.com 的策略设置发生了冲突，则默认以业务部的策略设置优先。

更改业务部的用户，将登录后的浏览器主页锁定为 www.baidu.com，实现步骤如下。

（1）在 jdy.com 域下创建业务部门的 OU，且创建好用户 Tom，如图 8-9 所示。

图 8-9　创建 OU 和用户

（2）按 Windows+R 组合键，打开"组策略管理"窗口，并依次展开各节点，如图 8-10 所示。

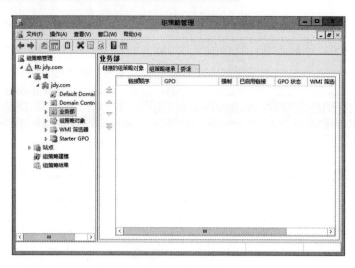

图 8-10　组策略管理

（3）右击"业务部"节点，选择"在这个域中创建 GPO 并在此处链接…"选项，打开"新建 GPO"对话框，新建业务部下的组策略，如图 8-11 所示。

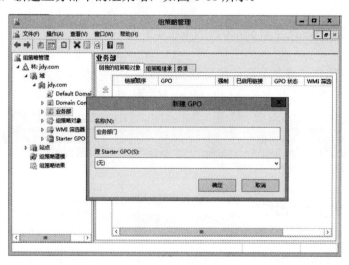

图 8-11　新建 GPO

在"名称"文本框中填写要创建的组策略的名称，而在源下拉列表中可以选择"无"，进行自定义的组策略配置，或者选择下拉列表中已经是系统默认新建好的模板策略，而这些模板策略都存放在"源 Starter GPO"中（可以直接在 Starter GPO 下面建立配置模板，然后在组织 OU 下面调用即可，这样不用每次都重复查找配置策略）。

（4）在业务部的 OU 下面，有一条刚创建的组策略记录，而在"设置"中可以看到当前配置的条目，单击右边的"显示"超链接，可以逐条向下显示，如图 8-12 所示。

（5）右击业务部门节点，选择"编辑"选项，可以对这个策略的具体项进行配置，如图 8-13 所示。分别针对计算机或者用户进行配置，这和计算机本地策略配置一样，根据要求去修改即可。

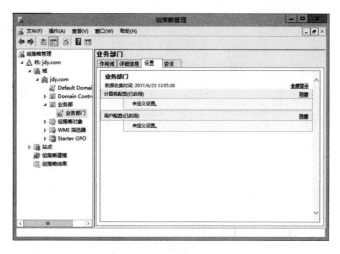

图 8-12 组策略配置

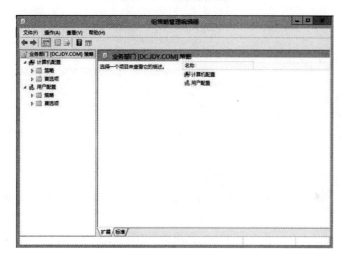

图 8-13 创建业务部门组策略

（6）打开 Internet Explorer，修改"禁用更改主页设置"选项，如图 8-14 所示。

图 8-14 修改 IE 浏览器的默认选项

（7）先选中"已启用"单选按钮，然后在下面的"主页"处添加主页网址，如图 8-15 所示。最终实现在客户端，使用业务部门下的账户"Tom"登录以后，IE 浏览器的默认网页就是百度，而且"Tom"用户没有权限进行主页的修改。

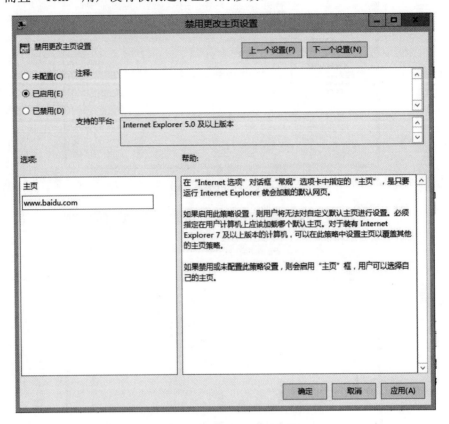

图 8-15　禁用更改主页设置

（8）打开客户端，通过"Tom"账户登录验证，IE 浏览器默认主页为"www.baidu.com"，并且无法进行 IE 主页的修改（在命令提示符界面中使用更新组策略命令"gpupdate /force"，使组策略生效）。

此外，域控制器安全策略设置会影响到组织单位 Domain Controllers 内的域控制器，如图 8-16 所示，但是对位于其他组织单位或容器内的计算机（与用户）并没有影响。可以在域控制器上利用系统管理员身份登录，然后按 Windows+R 组合键，输入"gpmc.msc"，打开"组策略管理"窗口，选中"Default Domain Controllers Policy"并右击，通过单击"编辑"超链接的方法来设置域控制器安全策略，如图 8-17 所示。其设置方式与"域安全策略"、"本地安全策略"相同，这里不再赘述。

注意：任何一台位于组织单位 Domain Controllers 内的域控制器，都会受到域控制器安全策略的影响。域控制器安全策略的设置必须在应用到域控制器后，这些设置对域控制器才起作用。

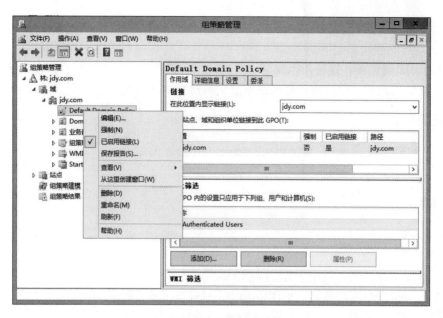

图 8-16　组策略管理

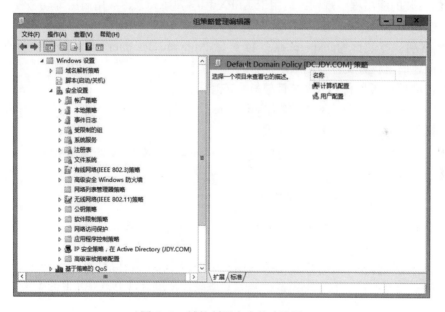

图 8-17　域控制器安全策略设置

任务 8.3　利用 AppLocker 功能阻止 Internet Explorer

微视频 8-3　利用 AppLocker 功能阻止 Internet Explorer

1．任务描述

公司为了加强管理，提高工作效率，保护知识产权，特别设定了核心产品研发组成员禁止对 IE 浏览器的使用，以防止计算机系统遭受病毒和木马的攻击。

2．任务目标

（1）学会利用 AppLocker 功能阻止 Internet Explorer 的配置。
（2）学会利用 AppLocker 功能进行系统安全管理。

3．任务实施

利用加入域的计算机进行相关操作。AppLocker 可以针对不同类别的程序来设置不同的规则，它共分为以下五大类别。

① 可执行文件规则：适用于 EXE 与 COM 程序。
② Windows 安装程序规则：适用于 MSI、MSP 与 MST 程序。
③ 脚本规则：适用于 PSL、BAT、COM、VBS 与 JS 程序。
④ 已封装的应用程序规则：适用于 APPX 程序（如天气、应用商店等动态程序）。
⑤ DLL 规则：适用于 DLL 与 OCX 程序。

由于 IE 可执行文件为 iexplore.exe，位于 C:\ProgramFiles\InternetExplorer 文件夹内，因此需要通过上述的可执行文件规则来阻止它。

（1）在域控制器上利用域系统管理员账户登录。

（2）按 Windows+R 组合键，输入 gpmc.msc，打开"组策略管理"窗口，右击业务部门节点，选择"编辑"选项，如图 8-18 所示。

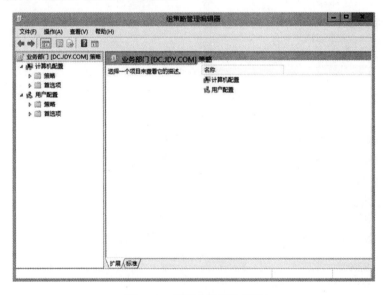

图 8-18　组策略管理编辑器

（3）如图 8-19 所示，展开"策略"→"Windows 设置"→"安全设置"→"应用程序控制策略"→"AppLocker"节点，选中"可执行规则"并右击，选择"创建默认规则"选项。

图 8-19　创建默认规则

注意：由于一旦创建规则后，凡是未列在规则内的执行文件都会被阻止，因此需要先通过此步骤来创建默认规则，这些默认规则允许普通用户执行 ProgramFiles 与 Windows 文件夹内的所有程序、允许系统管理员执行所有程序。

（4）如图 8-20 所示，其右侧的 3 个允许规则是前一个步骤所创建的默认规则，右击"可执行规则"节点，选择"创建新规则"选项。

图 8-20　创建新规则

注意：因为 DLL 规则会影响系统性能，并且如果没有正确设置，还可能造成意外事件，因此默认并没有显示 DLL 规则供用户设置，除非右击"AppLocker"节点，并选择"属性"

→ "高级"选项进行选择。

（5）在"开始前"界面中，直接单击"下一步"按钮。

（6）如图 8-21 所示，选中"拒绝"单选按钮后，单击"下一步"按钮。

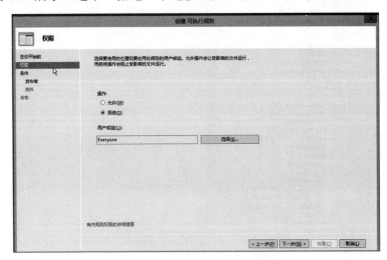

图 8-21　设定权限界面

（7）如图 8-22 所示，选中"路径"单选按钮后，单击"下一步"按钮。

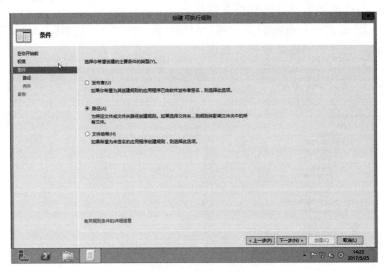

图 8-22　设定条件界面

注意： 如果程序已经签署了，则图中还可以根据程序发布者进行设置，也就是拒绝（或允许）指定发布者签署、发行的程序；未经过签署的程序，也可以通过文件哈希值进行设置，此时系统会计算程序文件的哈希值，客户端用户执行程序时，客户端计算机也会计算其哈希值，只要哈希值与规则内的程序相同，就会被拒绝执行。

（8）如图 8-23 所示，通过浏览文件按钮来选择 Internet Explorer 的执行文件，它的路径是 C:\Program Files\Internet Explorer\iexplore.exe。完成后可以直接单击"创建"按钮，或一直单击"下一步"按钮，最后单击"创建"按钮，创建完成后如图 8-24 所示。

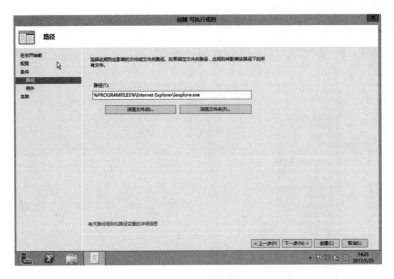

图 8-23　选择路径

图 8-24　可执行规则创建完成

注意：因为每台客户端计算机的 Internet Explorer 安装文件夹可能都不相同，因此图中系统自动将 C:\Program Files 改为变量表示法，即%PROGRAMFILES%。

（9）一旦创建规则后，凡是未列在规则内的执行文件都会被阻止，虽然可以在可执行规则处创建规则，但是已封装的应用程序也会被阻止（如气象、APPX 程序），因此还需要在封装应用规则处开放已封装的应用程序，只需要通过创建默认规则来开放即可：如图 8-25 所示，右击"封装应用规则"节点，选择"创建默认规则"选项，此默认规则会开放所有已签署的已封装的应用程序。

图 8-25　创建默认封装应用规则

注意：不需要在 Windows 安装程序规则与脚本规则类别中创建默认规则，因为它们没有受到影响。

（10）客户端需要启动 Application Identity 服务才能享用 AppLocker 功能。可以到客户端计算机上来启动此服务，或者通过 GPO 为客户端进行设置，如图 8-26 所示，将此服务设置为自动启动。

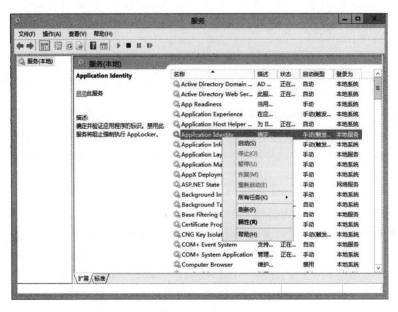

图 8-26　启动服务

（11）重新启动位于组织单位业务部内的客户端计算机（Windows 7），然后利用普通用户账户登录，当打开 Internet Explorer 时，就会进入被阻止的界面。

注意： 如果在规则类别内创建了多个规则，其中有的是允许规则，有的是拒绝规则，则 AppLocker 在处理这些规则时以拒绝规则优先，对没有列在规则内的应用程序一律拒绝其执行。

任务 8.4　审核资源的使用

微视频 8-4　审核资源的使用

1. 任务描述

JDY 公司的郑工程师为了加强公司核心服务器的安全管理，需要了解服务器资源访问情况，并对用户资源使用情况进行跟踪，其准备通过启用系统审核（Auditing）策略，并设置要审核的资源来实现。审核工作通常需要经过以下两个步骤。

（1）启用审核策略：Administrators 组内的成员才有权限启用审核策略。

（2）设置要审核的资源：必须具有管理审核和安全日志权限的用户才可以审核源，默认 Administrators 组内的成员才有此权限。可以利用本地安全策略、域安全策略或域控制器安全策略内的用户权限分配策略（参见前面有关用户权限分配的说明）来赋予其他用户管理审核和安全日志权限。

2. 任务目标

（1）学会启用审核策略的操作。

（2）学会如何设置要审核的资源。

（3）学会利用审核功能进行系统安全管理。

3. 任务实施

（1）审核策略的使用。审核策略可以通过本地安全策略、域安全策略、域控制器安全策略或组织单位的组策略进行设置，其相关的应用规则已经解释过。此处利用本地安全策略来实现（推荐使用未加入域的计算机登录），然后按 Windows+R 组合键，输入 gpedit.msc 并按回车键，依次展开计算机配置→Windows 设置→安全设置→本地策略→审核策略节点，如图 8-27 所示。

注意： 本地安全策略的设置仅对本地计算机有效，如果要利用域控制器或域成员进行验证，则可设置域控制器安全策略、域安全策略或组织单位的组策略。

审核策略内提供了以下审核事件。

● 审核目录服务访问：审核是否有用户访问 Active Directory 中的对象，必须选择要审核的对象与用户，此设置仅对域控制器起作用。

图 8-27 安全策略设置

● 审核系统事件：审核是否有用户重新启动、关机或系统发生了任何会影响到系统安全或影响安全日志文件正常运行的事件。

● 审核对象访问：审核是否有用户访问文件、文件夹或打印机等资源，必须另外选择要审核的文件、文件夹或打印机。

● 审核策略更改：审核用户权限分配策略、审核策略或信任策略等是否发生改动。

● 审核特权使用：审核用户是否使用了用户权限分配策略内赋予的权限，如更改系统时间等。

注意：即使选择审核特权使用，系统默认也不会审核备份文件的目录、还原文件和目录、跳过过程检查、调试程序、创建令牌对象、替换处理程序级别令牌、生成安全审核等事件，因为这样做会产生大量的日志，会影响到计算机的性能。

● 审核账户登录事件：审核发生登录事件时，是否利用本地用户账户进行登录。例如，在本地计算机启用此策略，如果用户在这台计算机上利用本地用户账户登录，则安全日志文件内会产生日志。然而，如果用户是利用域用户账户登录的，就不会产生日志。

● 审核账户管理：审核是否有账户添加、修改、删除、启用、禁用、更改账户名称、更改密码等与账户数据有关的事件发生。

● 审核登录事件：审核是否发生用户登录与注销的行为，而不管用户是直接在本地登录或通过网络登录，还利用本地或域用户账户进行登录。

● 审核进程跟踪：审核程序的运行与结束，如是否有某个程序被启动或结束。

每个被审核事件都可以分为成功与失败两种，也就是可以审核该事件是否成功发生，如可以审核用户登录成功的操作，也可以审核其登录失败的操作。

注意：通过审核策略所记录的数据被记录在安全日志文件内，可以利用按键切换到开始屏幕管理工具事件查看器中进行查看，如图 8-28 所示。

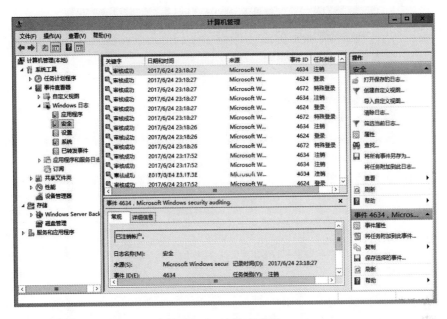

图 8-28　事件查看器

（2）审核 Active Directory 对象的访问行为。审核是否有用户在组织单位"业务部"内创建了新用户账户。

① 在域控制器上利用 Administrator 账户登录，然后打开"组策略管理"窗口，展开到组织单位 Default Domain Controllers 节点，选中 Default Domain Controllers Policy 并右击，选择"编辑"选项，打开"组策略管理编辑器"窗口，如图 8-29 所示，依次展开相关目录，并启用"审核目录服务访问"，选择同时审核成功与失败事件，最后单击"确定"按钮，完成设置，如图 8-30 所示。

图 8-29　审核目录服务访问

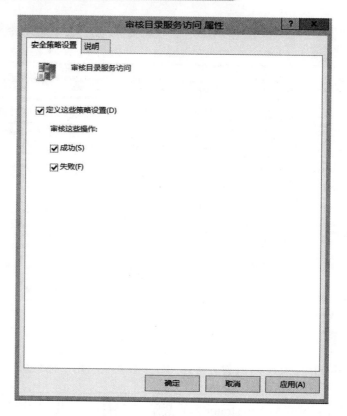

图 8-30　设置审核安全策略

②　如图 8-31 所示，打开"Active Directory 用户和计算机"窗口，选择"查看"→"高级功能"选项。

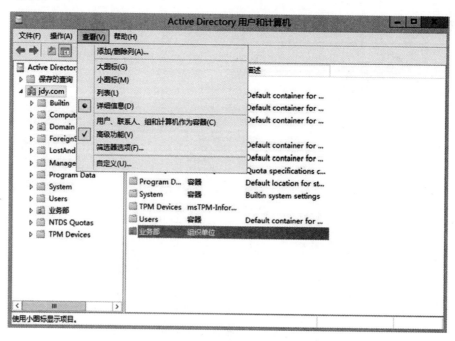

图 8-31　查看高级功能

③ 如图 8-32 所示，选中"jdy.com"节点，在右侧右击组织单位 Users，选择"属性"选项。

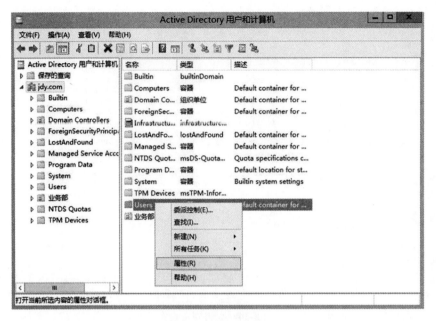

图 8-32　业务部属性

④ 打开"Users 属性"对话框，选择"安全"选项卡，如图 8-33 所示，单击其中的"高级"按钮，打开的对话框如图 8-34 所示。

图 8-33　"安全"选项卡

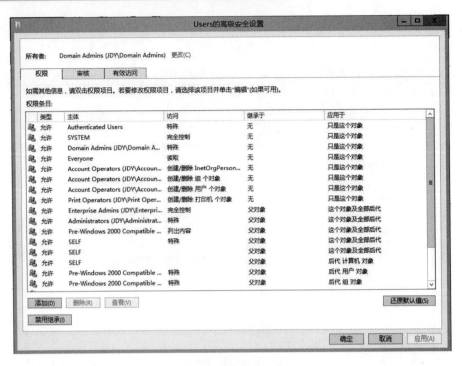

图 8-34　高级安全设置

⑤ 如图 8-35 所示，单击"审核"选项卡中的"添加"按钮，通过选择主体来选择要审核的用户（这里选择 Everyone），在"类型"处选择审核全部事件（成功与失败），再选择审核"创建所有子对象"后，单击"确定"按钮完成设置，如图 8-36 所示。

图 8-35　审核项目

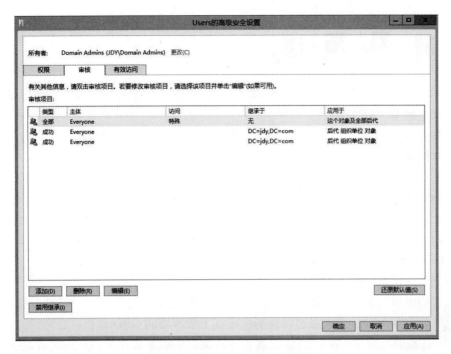

图 8-36　高级安全设置完成界面

注意: 等审核策略成功应用到域控制器后(等 5 分钟或重新启动域控制器或手动应用),再执行以下步骤。

⑥ 打开"Active Directory 用户和计算机"窗口,选中组织单位"业务部"并右击,通过"添加用户"的方法来创建一个用户账户(Tony)。

⑦ 打开"事件查看器"窗口,选择"Windows 日志"→"安全"节点,双击如图 8-37 所示的审核到的事件日志(工作类别为用户账户管理),之后就可以看到刚才添加用户账户(Tony)的操作已被详细记录在此。

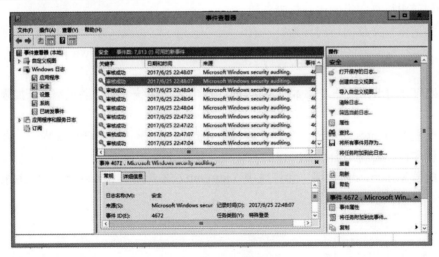

图 8-37　"事件查看器"窗口

组策略是一组策略的集合，其作用为统一修改系统、设置程序、调整桌面环境、安全设置、自动执行脚本、软件分发。

组策略的优点：减小管理成本，只需设置一次，相应的计算机或用户即可应用，减小用户单独配置错误的可能性，可以针对特定对象设置特定的策略。

组策略对象如下。

（1）GPO：存储组策略的所有配置信息，是 AD 中的一种特殊对象。

（2）默认 GPO：默认域策略（Default Domain Policy）；默认域控制器策略（Default Domain Controllers Policy）。

（3）GPO 链接：只能链接到站点、域、OU。

组策略的应用规则如下。

（1）策略继承与阻止：下级容器可以继承或阻止应用其上级容器的 GPO 设置。

（2）策略强制生效：使下级容器强制执行其上级容器的 GPO 设置。

（3）策略累加与冲突：多个 GPO 设置在不冲突的情况下如冲突后应用生效。组策略顺序：本地组策略>站点>域>OU；如 OU 与子 OU 冲突，则子 OU 生效。

（4）筛选：阻止一个容器内的用户或计算机应用其 GPO 设置，在组策略管理界面中选中指定的 GPO，在右侧窗口中进行委派→高级→添加用户操作，勾选拒绝读取和应用组策略复选框。

请探索实现如下操作。

（1）如何审核打印机的访问行为？

（2）如何审核文件的访问行为？

（3）设定行政部门的用户 Jony 在登录后的浏览器主页锁定为 www.jdy.com，并进行测试和验证。

（4）如何使用域组策略及脚本，为 jdy.com 域中客户端统一配置防火墙，以加强公司安全管理？

（5）配置 Windows 防火墙，允许开放域中（jdy.com）客户端的 PING 操作，并测试验证该操作（操作前，需将上面组策略中的系统服务设置还原）。

（6）配置 Windows 防火墙，允许域中（jdy.com）客户端（Windows 7）开放某一固定端口（139），并测试验证该操作。

项目 **9**

AD RMS 企业文化版权管理

【知识目标】

- 识记：AD RMS 的作用与服务依赖。
- 领会：AD RMS 保护流程。

【技能目标】

- 学会 AD RMS 操作环境的组建。
- 学会 AD RMS 的安装与配置。
- 学会 AD RMS 的测试。

【工作岗位】

- 系统管理员。

【教学重点】

- AD RMS 的安装与配置。
- AD RMS 的测试。

【教学难点】

- AD RMS 操作环境的组建。
- AD RMS 的安装与配置。

【教学资源】

- 微课视频。
- 教学课件。
- 授课教案。
- 试卷题库。

JDY 公司是高新技术企业，公司成立之初，就对公司的知识产权非常重视，并通过加强内部管理杜绝一切可能泄露公司机密的行为和途径，公司 CIO 要求郑工程师在加强公司计算机和网络管理的同时，将公司机密文件进行加密处理等，郑工程师考虑了很多操作管理方式，从管理方便、操作可行等方面评估下来，最终选择了微软的版权管理服务（Rights Management Services，RMS）。

微软的 RMS 服务器可以保护企业内的重要文件，授权只有特定用户才能访问这些文件（当然文件服务器的权限也可以做到这一点）。RMS 还可以允许文件不被复制、打印、转发，甚至员工离开了公司就无法再打开这些文件。

RMS 要求用户在 RMS 服务器上申请凭据后，才能打开被加密的文件。一旦文件离开了公司环境，访问者就无法联系 RMS 服务器了，文件也就无法打开了。即使在公司内，RMS 也可以允许用户只能阅读，无法打印、复制，以及通过邮件转发，极大地提高了窃取机密内容的难度。

JDY 公司为了加强对公司机密文件的保护，郑工程师设计了如图 9-1 所示的 AD RMS 管理环境，并决定实施 RMS 建设，制订了如下实施计划。

（1）安装 Active Directory Rights Management Services 服务器角色。

（2）测试 AD RMS 的功能。

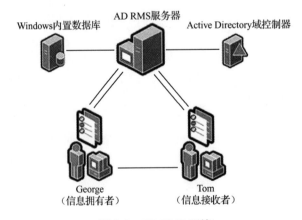

图 9-1　AD RMS 环境

任务 9.1　安装 AD RMS 服务器角色

微视频 9-1　安装 AD RMS 服务器角色

1. 任务描述

在域控制器上创建一个启动 RMS 的账户 zheng，不需要给账户特殊的权限。

在域控制器上利用域 Administrator 登录，在 Users 容器中分别创建 Adrms 账户，并添加 Active Directory Rights Management Services 服务器角色，完成数据库的配置、AD RMS 群集、证书服务的创建等。

2. 任务目标

（1）学会在域控制器上创建一般账户 zheng 的操作。

（2）学会为服务器添加 Active Directory Rights Management Services 服务器角色的操作。

（3）学会 AD RMS 群集配置操作。

（4）学会创建 RMS 账号 rmsadmin，并将用户 rmsadmin 加入 Domain Admins 组中的操作。

3. 任务实施

（1）在域控制器上利用域 Administrator 登录，并创建一般账户 zheng，如图 9-2 所示。

图 9-2　创建账户

注意：如果当前计划在域环境中部署 AD RMS 服务器，建议不要把它安装在域控制器上，如果坚持要这样做，目前发现的问题主要有以下两个。

① 如果 AD RMS 服务器安装在域控制器上，则需要添加 AD RMS 账号（JDY\zheng，这是编者创建的账户）到 Domain Admins 组中才能正常工作；而如果 AD RMS 安装在一台域成员服务器上，则这个账号只需要是普通的 Domain Users 用户即可，如图 9-3 所示。

图 9-3　将账户加入 Domain Admins 组

② 安装好 AD RMS 服务器后，默认 IIS 站点仅能使 "Domain\Users" 这个默认容器的用户访问 AD RMS 的 Web 服务。

对于①来说，这可能带来一些安全上的问题，毕竟 Domain Admins 组是为了管理整个 Domain 设计的；对于②来说，如果某个用户不属于 Users 默认容器，那么这个用户是无法使用 RMS 的。当然，可以手动添加不在 "Domain\Users" 组内的用户到 IIS 的安全访问列表中，但是这带来了管理上的不便。

（2）打开"服务器管理器"窗口，单击仪表板处的"添加角色和功能"超链接，在 Windows Server 2012 的服务器管理器中添加 Active Directory Rights Management Services 角色，如图 9-4 所示。

（3）打开"服务器管理器"窗口，可以看到左侧多了一项 "AD RMS"，如图 9-5 所示。但是服务器管理器有提示信息，打开提示信息，然后单击"执行其他配置"按钮，继续配置。

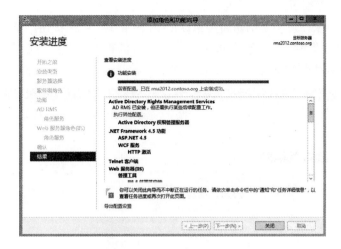

图 9-4　完成 AD RMS 安装

图 9-5　打开通知信息

（4）进入 AD RMS 界面时，单击"下一步"按钮，如图 9-6 所示。

图 9-6　AD RMS 界面

（5）如图 9-7 所示，选中"创建新的 AD RMS 根群集"单选按钮，单击"下一步"按钮，由图中得知可以架设两种群集：会发放证书与许可证的根群集和仅发放许可证的群集。安装的第一台服务器会成为根群集。

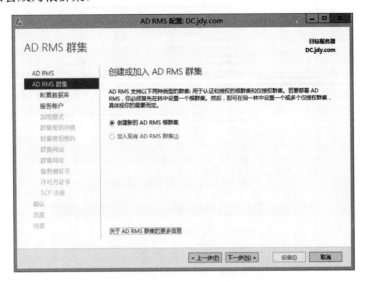

图 9-7　创建新的 AD RMS 根群集

（6）如图 9-8 所示，选中"在此服务器上使用 Windows 内部数据库"单选按钮，然后单击"下一步"按钮。

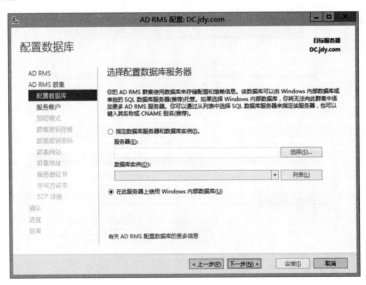

图 9-8　配置数据库

（7）如图 9-9 所示，通过单击"指定"按钮，选择用来启动 AD RMS 的域用户账户，即 JDY\zheng，完成后单击"下一步"按钮（此处如果将 RMS 服务器安装到了 DC 上，则应注意本任务（1）中①所示的事项）。

图 9-9　指定服务账户

（8）如图 9-10 所示，选择加密模式 1，并单击"下一步"按钮。

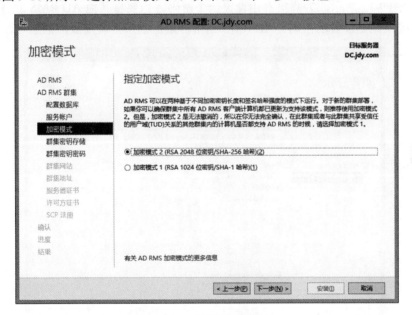

图 9-10　加密模式选择

注意：确保所有环境都是 Windows Server 2012 或者都支持加密模式 2，否则选择加密模式 1 后，与 Exchange 2013 集成时，无法集成成功，且加密模式 2 是不可逆的，所以最好选择加密模式 1 后，有需要时可以升级到加密模式 2。

（9）如图 9-11 所示，直接单击"下一步"按钮。

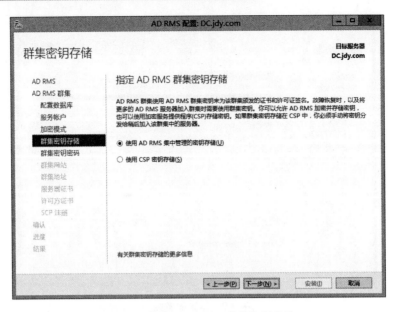

图 9-11　指定 AD RMS 群集密钥存储

（10）如图 9-12 所示，为群集密钥设置一个密码。当要将其他 AD RMS 服务器加入此群集时，必须提供此处设置的密码。AD RMS 利用群集密钥来签署发放的证书与许可证。

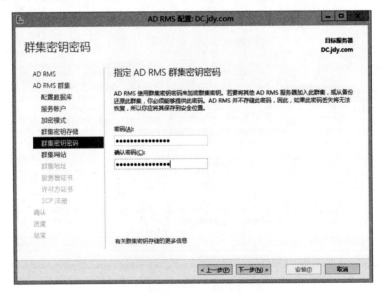

图 9-12　指定 AD RMS 群集密钥密码

（11）选择将 IIS 的 Default Web Site 当做群集网站，如图 9-13 所示。

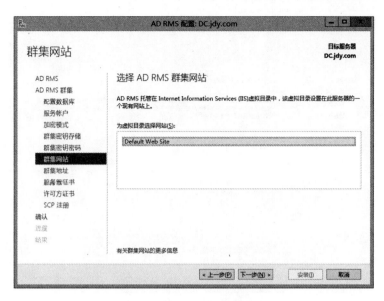

图 9-13　选择 AD RMS 群集网站

（12）选择要求客户端必须利用安全的 HTTPS 连接群集网站，并设置其网址，如 https://adrms.jdy.com，其中 adrms 为 AD RMS 服务器的计算机名。还可以选择其他名称，但是必须在 DNS 服务器内创建其主机与 IP 地址的记录。完成后单击"下一步"按钮，如图 9-14 所示。

图 9-14　指定群集地址

（13）选中"为 SSL 加密创建自签名证书"单选按钮后，单击"下一步"按钮，建议仅在测试或小规模环境下才选中此单选按钮，否则请选中第一个单选按钮来向证书颁发机构（CA）申请证书，如图 9-15 所示。

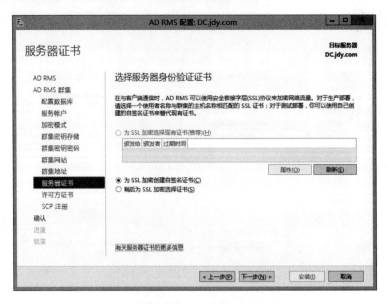

图 9-15　选择服务器身份验证证书

（14）群集中的第一台 AD RMS 服务器会自行创建一个被称为服务器许可方证书的证书，拥有此证书即可对客户端发放证书与许可证，如图 9-16 所示。

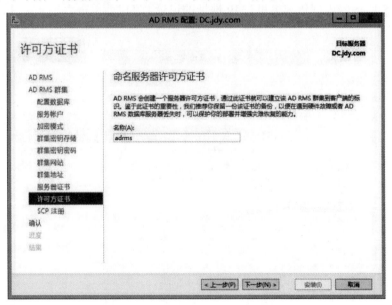

图 9-16　命名服务器许可方证书

（15）如图 9-17 所示，单击"下一步"按钮，它会将 AD RMS 服务连接点登录到 Active Directory 数据库内，以便让客户通过 Active Directory 找到这台 AD RMS 服务器。

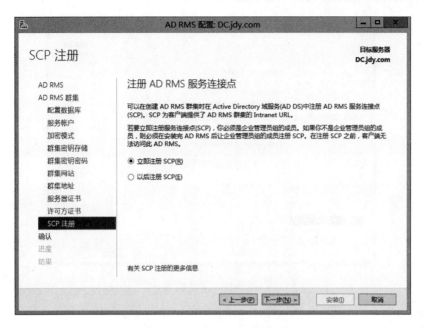

图 9-17　注册 AD RMS 服务连接点

（16）进入"确认"界面时，单击"安装"按钮，安装完成后单击"关闭"按钮，如图 9-18 和图 9-19 所示。

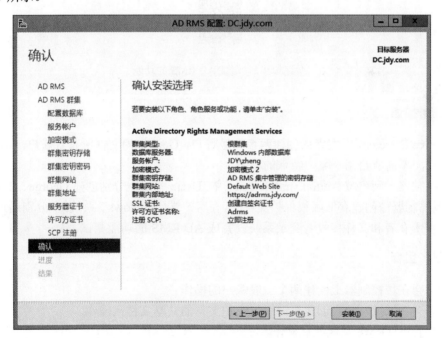

图 9-18　确认安装选择

（17）完成安装后，当前登录用户账户（域 Administrator）会被加入到本地 AD RMS Enterprise 系统管理员组内，此用户就有权限来管理 AD RMS，但此用户账户必须注销后重新登录才有效。

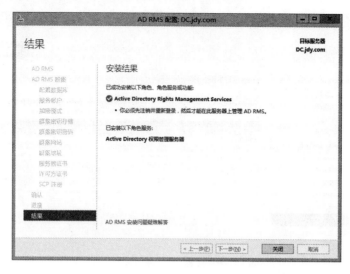

图 9-19 安装结果

任务 9.2 测试 AD RMS 的功能

微视频 9-2 测试 AD RMS 的功能

1. 任务描述

在 Active Directory 数据库内创建两个一般账户，George 为文件所有者账户，Tom 为文件接收者账户，不需要给两个账户特殊的权限。

在域控制器上利用域 Administrator 登录，在 Users 容器中分别创建 George、Tom 两个账户，并在域控制器中创建存储版权保护文件夹，在客户端（Windows 7 系统）中分别通过 George、Tom 等文件所有者和文件接收者登录系统，完成 AD RMS 的功能测试。

2. 任务目标

（1）学会在域控制器上创建两个一般账户的操作。
（2）学会在域控制器上创建存储版权保护文件的共享文件夹操作。
（3）学会 AD RMS 功能测试操作。

3. 任务实施

（1）在域控制器上利用域 Administrator 身份登录后，打开资源管理器窗口，单击"计算机"图标，打开 C 盘并创建文件夹，假设文件夹名为 jdy_Public。
（2）选中文件夹 jdy_Public 并右击，选中"共享"→"特定用户"选项，将"Everyone"

添加到列表中，并单击"共享"按钮，如图 9-20 所示。

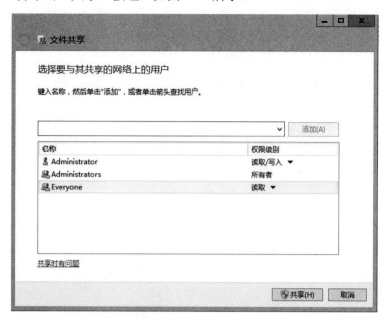

图 9-20 文件共享

（3）进入文件夹已共享界面时单击"完成"按钮。

（4）在客户端计算机（Windows 7 操作系统）上，利用 George@jdy.com 身份登录，安装 Microsoft Word 2010。

（5）运行 IE 浏览器，按 Alt 键，选择"工具"→"Internet 选项"选项，选择"安全"选项卡，进行本地 Intranet→站点操作，单击"高级"按钮后，输入 https://adrms.jdy.com，单击"添加"按钮，将 AD RMS 群集网站加入本地 Intranet 的安全域。

（6）打开 Word 2010 并新建一个文档，在 Word 窗口中单击"文件"→"信息"→"保护文档"按钮，进行按人员限制权限→限制访问操作，如图 9-21 所示。

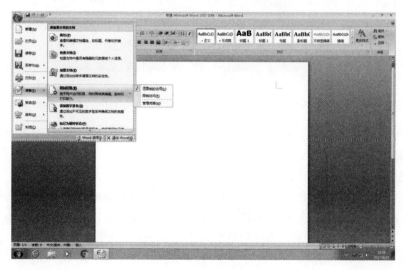

图 9-21 限制访问

（7）可能会打开如图 9-22 所示的对话框，这是因为此时 Word 2010 会连接群集网站，然而群集网站的证书是 AD RMS 自我发放的，而客户端计算机尚未相信由 AD RMS 自我发放的证书，可以直接单击"是"按钮，但是以后每次客户端连接 AD RMS 服务器时都会打开此对话框。

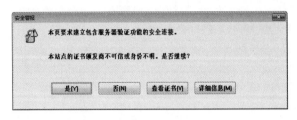

图 9-22　安全警报

（8）如图 9-23 所示，勾选"限制对此文档的权限"复选框，单击"读取"按钮来开发权限，完成后单击"确定"按钮，这里选择开放读取权限给用户"tom@jdy.com"，由图 9-24 可知，还可以设置文档到期日、是否可打印文档内容、是否可复制内容等。

图 9-23　权限设置

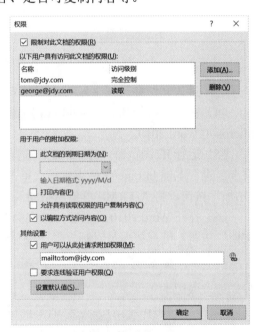

图 9-24　其他选项设置

（9）在 Word 中，单击"文件"→"另存为"按钮，将文件存储到共享文件夹"DC\public"内，并设置文件名为 jdy_test.docx。

（10）注销现在的登录账户，改用"tom@jdy.com"登录。

（11）运行 IE 浏览器，按 Alt 键，选择"工具"→"Internet 选项"选项，选择"安全"选项卡，进行本地 Intranet→站点→操作，单击"高级"按钮后，输入 https://adrms.jdy.com，单击"添加"按钮，将 AD RMS 群集网站加入本地 Intranet 的安全域。

（12）打开资源管理器窗口，运行位于 C:\Program File\Microsoft Office\Office14 下的 WINWORD.exe（此处是默认的安装路径，具体根据安装路径来定），并打开\\DC\public\

jdy_test.docx 文件。

（13）如图 9-25 所示，单击"是"按钮（或者通过单击"查看证书"按钮来执行信任的步骤）。

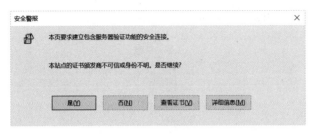

图 9-25　安全警报

（14）如图 9-26 所示，表示这是权限受到限制的文档，必须通过 HTTPS 的方式连接 AD RMS 服务器以便验证用户的信息，单击"确定"按钮。

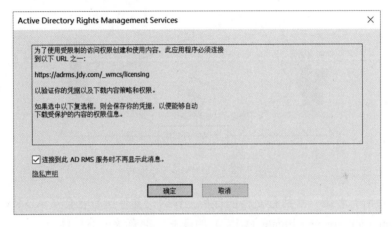

图 9-26　HTTPS 连接提示信息

（15）验证成功后，进入如图 9-27 所示界面并显示文档内容，如果 Tom 要向文件所有者 George 索取其他权限，则可以通过单击"查看权限"按钮，"要求附加权限"的方法给 George 发送索取权限的邮件。

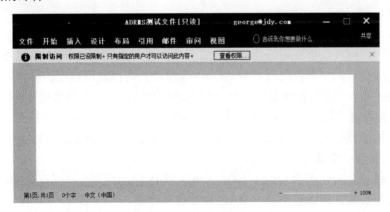

图 9-27　限制访问提示

AD RMS 的工作流程如图 9-28 所示。

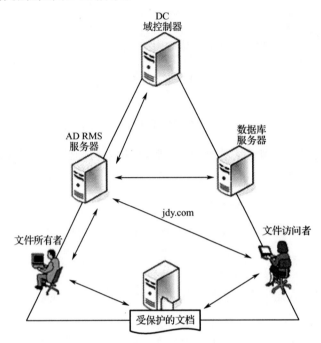

图 9-28　AD RMS 工作流程

（1）当文件所有者第一次执行文件的保护工作时，文件所有者会从 AD RMS 服务器获取一个称为 Client Licensor Certificate（CLC）的证书。拥有该证书后便可以执行文件的保护工作。文件所有者只在第一次执行文件保护工作时，才需要从 AD RMS 服务器获取 CLC 证书，今后即使该用户处于离线状态，仍然可以使用该证书进行文件保护工作。

（2）文件所有者使用 Office 2007 等 AD RMS 应用程序创建文件，并执行文件保护操作，即根据需要设置此文件的使用策略，而此时会创建一个所谓的发布许可证，其内包含了此文件的使用策略。

（3）Office 2007 等 AD RMS 应用程序使用对称密钥对文件进行加密，这个密钥会被加入到发布许可证中，再将发布许可证连接到此文件中。系统会利用 AD RMS 服务器的公开密钥将对称密钥和版权信息加密，此时只有 AD RMS 服务器可以使用自己的私有密钥将其解密。

（4）文件所有者将受保护的文件存储到可供访问的位置，或直接将它发送给文件接收者。

（5）文件接收者使用相应的 Office 2007 等 AD RMS 应用程序将文件打开。如果此时文件接收者所使用的计算机内没有权限账户证书（Rights Account Certificate，RAC），则它会从 AD RMS 服务器接收到一个 RAC。

（6）文件接收者所使用的 Office 2007 等 AD RMS 应用程序会向 AD RMS 服务器发起索取使用许可证的请求。该请求中包含 RAC 与发布许可证。

（7）AD RMS 服务器接收到客户端发送来的"索取使用许可证的请求"后，会将此请求内的权限与对称密钥解密，然后将使用许可证传递给文件接收者，此使用许可证内包含文件接收者的权限与对称密钥；并且会使用文件接收者的公开密钥对这些信息进行加密。

（8）文件接收者使用的 Office 2007 等 AD RMS 应用程序接收到使用许可证后，利用文件接收者的私有密钥将使用许可证内的对称密钥解密，之后即可利用对称密钥将受保护的文件解密。

复习思考题 9

请探索实现如下操作。

（1）如何限制"公司机密.docx"文档通过邮件转发？

（2）如何限制"公司机密.docx"文档在公司外部打开？

（3）如何限制"公司机密.docx"文档的打印和复制操作？

NLB 与 DFS 的搭建

【知识目标】

■ 识记：NLB 的原理。
■ 领会：NLB 和 DFS 的基本架构和作用。

【技能目标】

■ 学会 NLB 的安装与配置。
■ 学会 DFS 的安装与配置。

【工作岗位】

■ 系统管理员。

【教学重点】

■ NLB 的安装与配置。
■ DFS 的安装与配置。
■ NLB 和 DFS 的测试。

【教学难点】

■ 使用 NLB 和 DFS 技术实现稳定、可靠的服务器系统的搭建。
■ NLB 和 DFS 的测试。

【教学资源】

■ 微课视频。
■ 教学课件。
■ 授课教案。
■ 试卷题库。

引言

JDY 公司原来部署了门户网站 Web 服务器一台，现在由于公司规模迅速扩大，服务器的访问量激增，公司门户网站常常出现登录延迟时间较长等情况，甚至出现服务器死机现象，严重影响了用户的体验，在某种程度上影响了公司的发展，为了改善 Web 服务访问体验，郑工程师对网站出现此等现象进行了跟踪和分析，发现主要是并发访问量较大、Web 服务器的处理能力差引起的，针对此等情况，郑工程师决定采用网络负载均衡（Network Load Balancing，NLB）和分布式文件系统（Distributed File System，DFS）来解决。

项目介绍

JDY 公司的郑工程师为了改善用户的 Web 访问体验，决定增加一台 Web 服务器，分别在 Web 服务器 1 与 Web 服务器 2 上启用网络负载平衡功能，并采用分布式文件系统，为此郑工程师设计了如图 10-1 所示的服务器管理环境，并制订了如下实施计划。

（1）创建 Windows 网络负载均衡集群，并测试 NLB 的效果。

（2）部署分布式文件系统并测试。

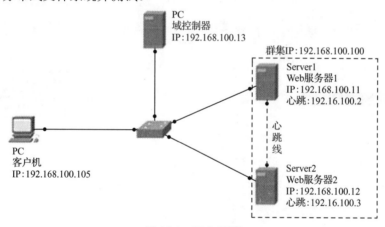

图 10-1　Web 环境

Web 环境说明：DC 是域控，Server1 和 Server2 做负载平衡并安装 Web 服务，PC 是客户机，用于测试，Server1 和 Server2 两台服务器都需要两块网卡，一块用于通信，另一块做心跳线。

任务 10.1　安装网络负载平衡功能

微视频 10-1　安装网络负载平衡功能

1．任务描述

在两台 Web 服务器上分别添加"网络负载平衡"服务器角色，新建和配置群集，并安装 IIS 服务；在域控制器上创建一个共享文件夹，部署测试网站；部署完成网络负载平衡器后，进行连通性测试，以验证 NLB 的有效。

2．任务目标

（1）掌握"网络负载平衡"服务器角色的添加操作。
（2）掌握在域控制器上创建共享文件夹的操作。
（3）掌握 NLB 的测试方法。
（4）理解 Web 高可用性的实现方法。

3．任务实施

（1）在 Server1 上，安装 NLB 角色，打开服务器管理器窗口，为服务器添加"网络负载平衡"功能，如图 10-2 所示。

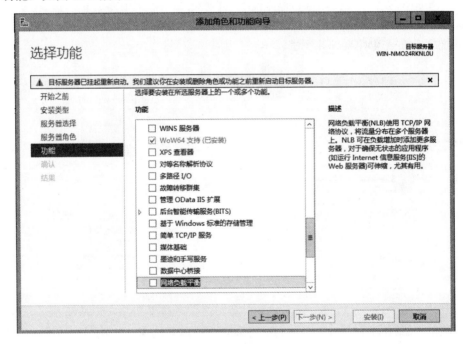

图 10-2　添加服务器角色

（2）完成"网络负载平衡"功能的添加后，重新打开服务器管理器窗口，单击工具按钮，选择"网络负载平衡管理器"选项，如图 10-3 所示。

（3）右击网络负载平衡管理器，选择"新建群集"选项，如图 10-4 所示。

（4）输入要做网络负载平衡的服务器的名称，单击"连接"按钮，选择用于通信的 IP 地址，单击"下一步"按钮，如图 10-5 所示。

图 10-3 网络负载平衡管理器

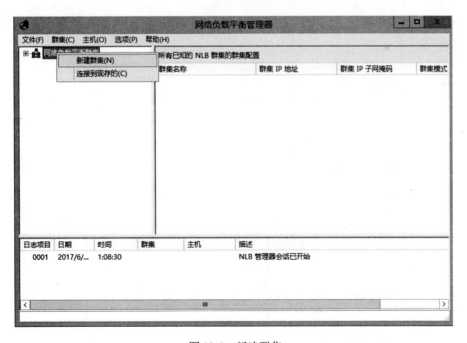

图 10-4 新建群集

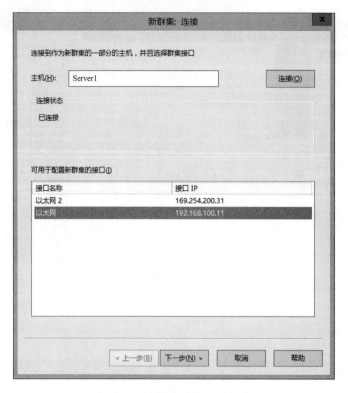

图 10-5 "新群集：连接"对话框

（5）选择优先级，一般第一个服务器是 1，第二个服务器是 2，以此类推，单击"下一步"按钮，如图 10-6 所示。

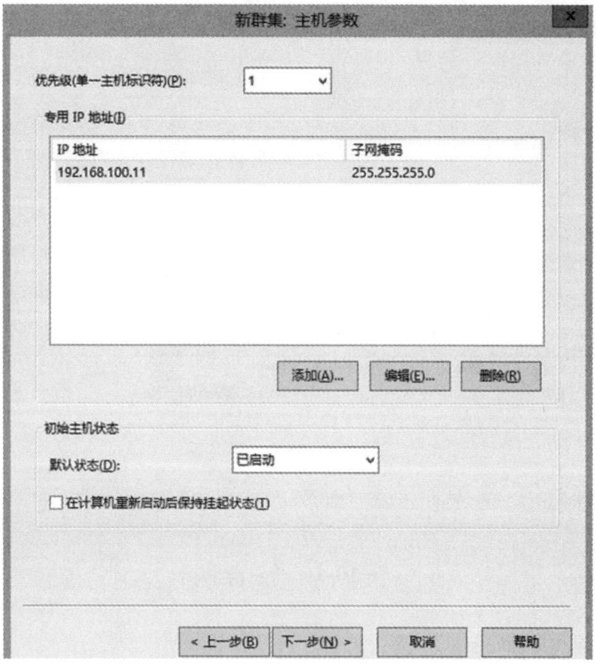

图 10-6 主机参数配置

（6）单击"添加"按钮，添加群集 IP 地址。输入群集 IP 地址，单击"确定"按钮，如图 10-7 所示。

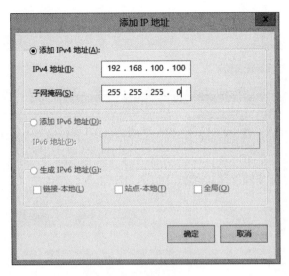

图 10-7　添加群集 IP 地址

（7）检查群集 IP 地址的配置，注意"群集操作模式"选项组的设置，这里选中"多播"单选按钮，单击"下一步"按钮，如图 10-8 所示。

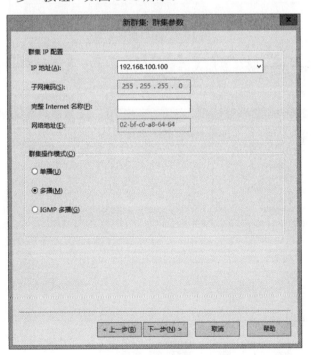

图 10-8　群集参数

注意：群集操作模式有以下 2 种。

● 单播：所有节点的 MAC 地址会被替换成统一的群集 MAC 地址。

● 多播：每个节点使用自己的 MAC 地址。

（8）配置端口规则，默认即可，单击"完成"按钮，如图 10-9 所示。这样就配置完成了一台服务器。

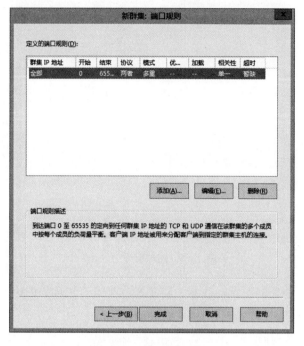

图 10-9　端口规则设置

（9）下面将另一台 Web 服务器加入群集，右击群集 IP 地址，选择"添加主机到群集"选项，如图 10-10 所示。

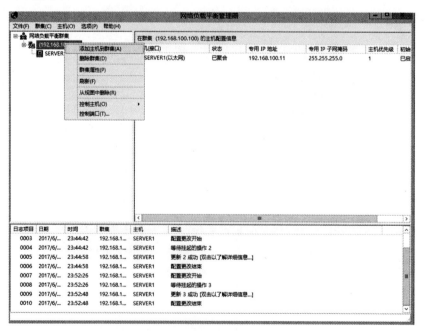

图 10-10　添加主机到群集

（10）输入另一台主机的名称"Server2"，单击"连接"按钮，选择用于通信的 IP 地址，单击"下一步"按钮，如图 10-11 所示。

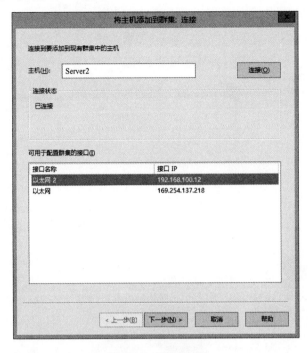

图 10-11   连接配置

（11）设置优先级为 2（此时已经无法选择"1"），如图 10-12 所示。

图 10-12   主机优先级配置

（12）剩余配置与第一台服务器基本一致，但是此服务器已经不需要添加群集 IP 地址，配置方法参见步骤（6）以后的操作。

（13）配置完成的网络负载平衡管理器如图 10-13 所示。

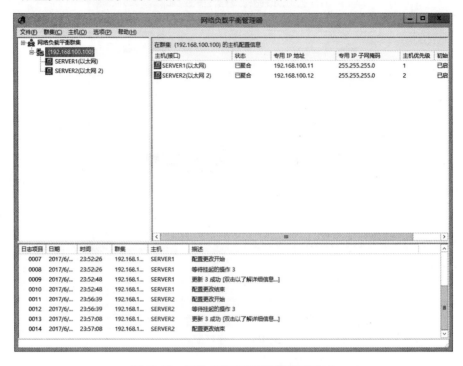

图 10-13　网络负载平衡管理器配置完成

（14）利用环境中的 PC，测试该计算机与群集"192.168.100.100"的连通性，如图 10-14 所示。

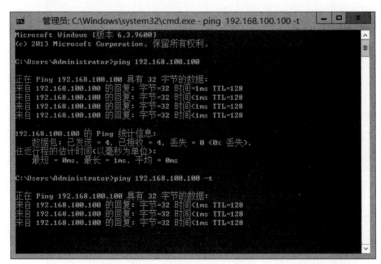

图 10-14　连通性测试

（15）禁用 Server1 的网卡，模拟服务器故障，如图 10-15 所示。

（16）可以发现 PING 操作连接发生了一次"请求超时"，然后通信又恢复了正常，如图 10-16 所示。

图 10-15　禁用网卡

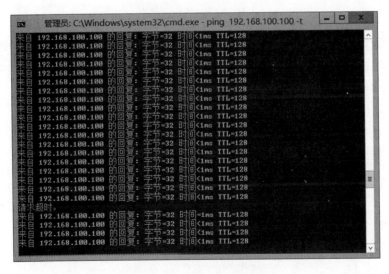

图 10-16　网络连通性测试

（17）启用 Server1 的网卡，禁用 Server2 的网卡，再次查看连通性测试结果，发现依然可以正常通信。

注意：说明两台 Web 服务器互为备份，网络负载平衡测试有效，只有在网络负载平衡正常的情况下，才能实现 Web 站点的高可用性。

（18）实现 Web 站点的高可用性，先在域控制器上新建一个共享文件夹，并再部署网站，如图 10-17 所示。

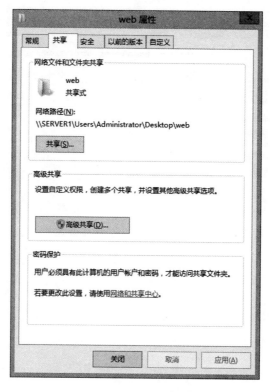

图 10-17　共享文件夹

（19）在 Server1 和 Server2 上安装 IIS 服务，并配置 IIS 服务器和添加网站，如图 10-18 所示。

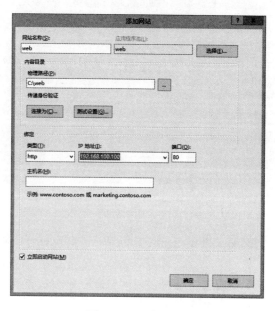

图 10-18　添加网站

（20）配置完成后，在客户机上用浏览器访问 http://192.168.100.100，网站访问正常，如图 10-19 所示。

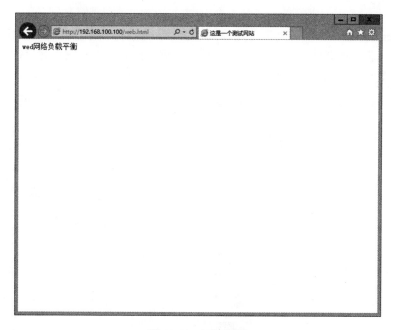

图 10-19　网站测试

（21）轮流禁用 Server1、Server2 的网卡，分别访问测试，测试显示网站访问正常，Web 服务器通过 NLB 实现了高可用部署。

任务 10.2　搭建分布式文件系统

微视频 10-2　搭建分布式文件系统

1．任务描述

实际工作中，如果按照本项目任务 1 所述，搭建了 Web 服务器，做了 NLB 以实现网站高可用性，即一台服务器死机，另一台服务器将自动接管服务，但是如果域控制器死机，NLB 将失去作用，因此这种做法存在"单点失效"情况，为了解决这个问题，郑工程师计划采用 NLB 结合 DFS 实现高可用部署，本任务主要完成分布式文件系统的配置操作。

2．任务目标

（1）掌握在服务器上添加 DFS 复制的操作方法。
（2）掌握新建复制组的操作。

（3）掌握 DFS 测试操作。

3．任务实施

（1）在 Server1 服务器上打开服务器管理器窗口，为服务器添加角色，默认情况下，文件系统已经安装，但是组件没有安装完整，需要将其展开，勾选"DFS"和"DFS 命名空间"复选框（其实只用安装 DFS 复制角色即可），如图 10-20 所示。

图 10-20　添加服务器角色

（2）完成安装后，需要重启计算机才能生效，打开"DFS 管理"窗口，右击"复制"节点，选择"新建复制组"选项，如图 10-21 所示。

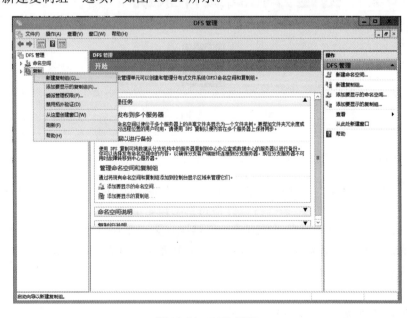

图 10-21　DFS 管理

（3）如图 10-22 所示，选中"多用途复制组"单选按钮，单击"下一步"按钮。

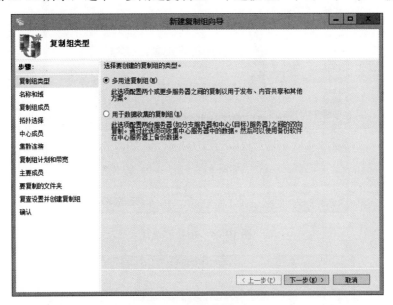

图 10-22 复制组类型设定

（4）将 Server1 计算机添加进来，再添加 Server2（为计算机事先安装 DFS 复制功能，并重启计算机使其生效），如图 10-23 所示。

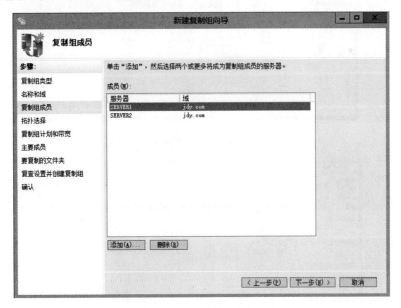

图 10-23 复制组成员

（5）单击"下一步"按钮，选择连接拓扑为"交错"，如图 10-24 所示，随后单击"下一步"按钮。

（6）带宽根据实际情况进行选择，如图 10-25 所示，单击"下一步"按钮。

（7）选择主要成员，如图 10-26 所示，单击"下一步"按钮。

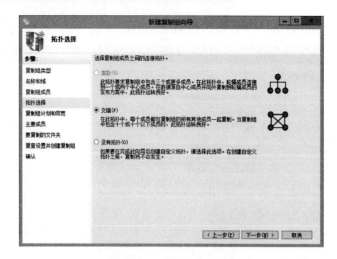

图 10-24　拓扑的选择

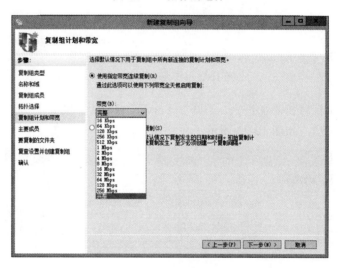

图 10-25　带宽选择

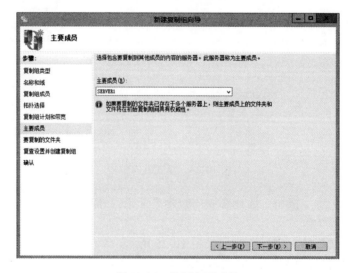

图 10-26　选择主要成员

（8）选择需要复制的文件夹（即源服务器），如图 10-27 所示，单击"确定"按钮。

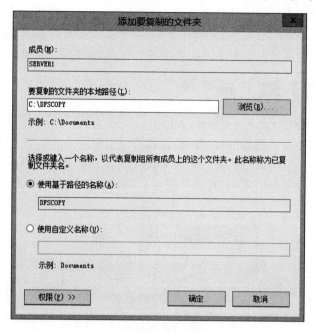

图 10-27　添加要复制的文件夹

（9）选择需要将上述路径即 C:\DFSCOPY 文件夹及其文件复制到何处（即目标服务器），如图 10-28 所示，单击"确定"按钮。

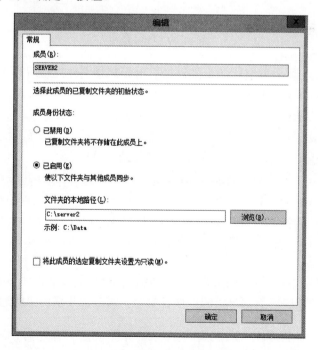

图 10-28　选择路径

（10）操作完成后，在 Server2 服务器的 C:\Server2 文件夹下已经有 Server1 服务器

C:\DFSCOPY 文件夹了（需要耐心等待）。

注意：做了 DFS 复制后，无论是在 Server1 还是在 Server2 中进行文件的修改，修改后的文件都会进行同步。如果某个文件在 Server1 和 Server2 上都被修改了，就会出现冲突，冲突的文件会被放到一个隐藏的文件夹下，具体路径可以在 DFS 管理中看到。

分布式文件系统使用户更加容易访问和管理物理上跨网络分布的文件。DFS 为文件系统提供了单个访问点和一个逻辑树结构，通过 DFS，用户在访问文件时不需要知道它们的实际物理位置，即分布在多个服务器上的文件在用户面前就如同在网络的同一个位置一样，如图 10-29 所示。

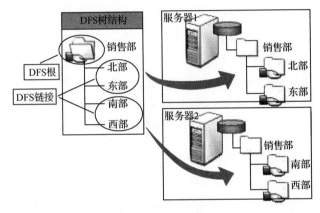

图 10-29　DFS 结构

通过 DFS，可以将同一网络中的不同计算机上的共享文件夹组织起来，形成一个单独的、逻辑的、层次式的共享文件系统。

DFS 是一个树状结构，包含一个根目录和一个或多个 DFS 链接。要建立 DFS 共享，必须先建立 DFS 根，然后在每一个 DFS 根下，创建一个或多个 DFS 链接，每一个链接可以指向网络中的一个共享文件夹。DFS 链接的最大数目是 1000。

DFS 有两种类型：独立 DFS 根和域 DFS 根。独立 DFS 根和拓扑结构存储在单个计算机中，不提供容错功能，没有根目录级的 DFS 共享文件夹，只支持一级 DFS 链接。基于域的 DFS 根驻留在多个域控或成员服务器上，DFS 的拓扑结构存储在活动目录中，因而可以在活动目录的各主域控制器之间进行复制，提供容错功能，可以有根目录级的 DFS 共享文件夹，可以有多级 DFS 链接。

在大多数环境中，共享资源驻留在多台服务器上的各个共享文件夹中。要访问资源，用户或程序必须将驱动器映射到共享资源的服务器上，或指定共享资源的通用命名约定（UNC）路径。

通过 DFS，一台服务器上的某个共享点能够作为驻留在其他服务器上的共享资源的宿主。DFS 以透明方式链接文件服务器和共享文件夹，然后将其映射到单个层次结构，以便可以从一个位置对其进行访问，而实际上数据却分布在不同的位置。用户不必再转至网络上的多个位置来查找所需的信息。用户在访问此共享中的文件夹时将被重定向到包含共享资源的网络位置。这样，用户只需知道 DFS 根目录共享即可访问整个企业的共享资源。

请探索实现如下操作。

（1）探索如何在 3 个服务器上的目标之间做互为备份的操作？

（2）探索在 JDY 公司业务部一台服务器（Windows Server 2012）上，如何实现系统的自动备份与恢复操作。

参 考 文 献

[1] 戴有炜. Windows Server 2012 R2 系统配置指南[M]. 北京：清华大学出版社，2017.

[2] 黄君羡. Windows Server 2012 活动目录项目式教程[M]. 北京：人民邮电出版社，2015.

[3] 邓文达，易月娥. Windows Server 2012 网络管理项目教程[M]. 北京：人民邮电出版社，2014.

[4] Minasi M.，Greene K.，Booth C. 精通 Windows Server 2012 R2[M]. 5 版·张楚雄，孟秋菊译. 北京：清华大学出版社，2015.

[5] 宁蒙. Windows Server 2012 服务器配置实训教程[M]. 北京：机械工业出版社，2016.